U0236885

中国室内设计档案 2016

Chinese interior design file 2016

策 划： 金 堂 奖 出 版 中 心

本 书 编 委 会 编

（下册）

中 国 林 业 出 版 社
China Forestry Publishing House

图书在版编目（CIP）数据

中国室内设计档案. 2016 /《中国室内设计档案》编委会编. -- 北京 : 中国林业出版社, 2016.5
ISBN 978-7-5038-8542-6

Ⅰ. ①中… Ⅱ. ①中… Ⅲ. ①室内装饰设计－作品集－中国－现代 Ⅳ. ①TU238

中国版本图书馆CIP数据核字(2016)第103225号

策划：李有为
主编：谢海涛 李有为

中国林业出版社 • 建筑分社

责任编辑：纪 亮 王思源
装帧设计：北京万斛卓艺文化传播有限公司

出版：中国林业出版社
（100009 北京西城区德内大街刘海胡同 7 号）
http://lycb.forestry.gov.cn/
电话：（010）8314 3518
发行：中国林业出版社
印刷：北京利丰雅高长城印刷有限公司
版次：2016年8月第1版
印次：2016年8月第1次
开本：225mm×305mm，1/16
印张：51.5
字数：450千字
定价：800.00元（上、下册）

目录
CONTENTS

住宅公寓 APARTMENT

别墅空间 VILLA

休闲娱乐空间 LEISURE & ENTERTAINMENT

样板间/售楼处 SHOW FLAT & SALES OFFICE

零售空间 RETAIL

Apartment
住宅公寓

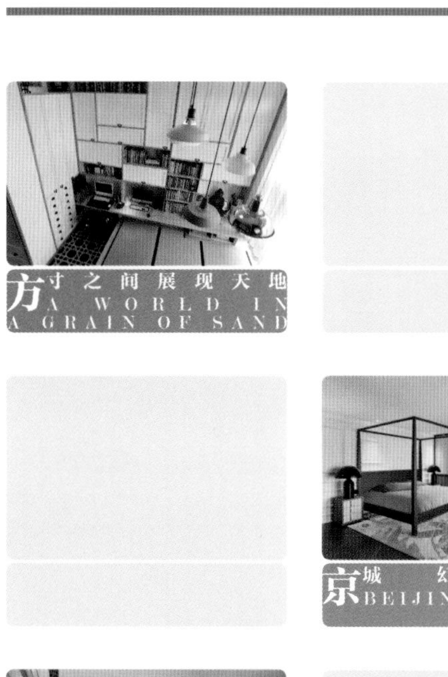

方寸之间展现天地

A WORLD IN A GRAIN OF SAND

项目名称 _ 方寸之间展现天地 / **主案设计** _ 陈大为 / **项目地点** _ 北京市昌平区 / **项目面积** _43 平方米 / **投资金额** _25 万元 / **主要材料** _ 橡木、松木等

A 项目定位 Design Proposition

使用面积只有43平面，三口之家，如何充分利用有限空间，如何在小空间内展现大气象？

B 环境风格 Creativity & Aesthetics

每一个空间都有它的独特之美，此户型面积虽小，但有一整面落地窗，视线好、有充足的日照、还有不错的层高。这些闪光点都是要表现的对象，扬长避短，每一个空间的美都将是独特的。小空间的优势在于灵活多变、精致干练、简单明了。

C 空间布局 Space Planning

拥有足够多的储物空间是每一个小户型的必要条件，比如增加一个45厘米高的储物地台对于4米的层高几乎不算什么；用柜体间的围合去划分空间，还可以减少墙体面积；把储物柜漆成白色，减少体积感；厨房最大化利用，餐台同时也是料理台。只在门厅和睡眠区搭建阁楼平台，起居处则保留最大挑高。 在使用上，小空间要强调一空间多用途。比如，14平米的榻上空间可以读书，也可以和孩子玩耍；升降桌升起后可以喝茶，可以品味高窗外的风雨；推拉电视打开后还可以全家激情视听。主人卧室白天只作客厅的延续，只有在夜晚当暗藏推拉门关闭后才会温馨展现。卫生间干湿分区，门厅面积在睡前也被纳入到洗漱范围。

D 设计选材 Materials & Cost Effectiveness

整体选择了偏日式的东方风格。不张扬的原生态橡木、松木、带着香草气息的榻榻米垫子、木制推拉门，铸铁拉手、精致的小配饰——这种不求奢华，对自然安静聆听的生活态度，非常适合用小空间来表现。同时，为了避免过于方正，色彩搭配上融入了理性的黑白马赛克地面、深邃的墨绿色墙面、以及亚麻色纱幔，高低错落的灯具悬吊，沉稳内敛中再添加些时尚的轻巧。

E 使用效果 Fidelity to Client

后期使用非常方便，超出预期效果。储物最大化、空间共享、只有小户型的软肋有效解决时，优势才会自然凸显，蝴蝶虽不比鸾凤体态丰腴，但轻盈多彩、扑朔迷离更显姿态。

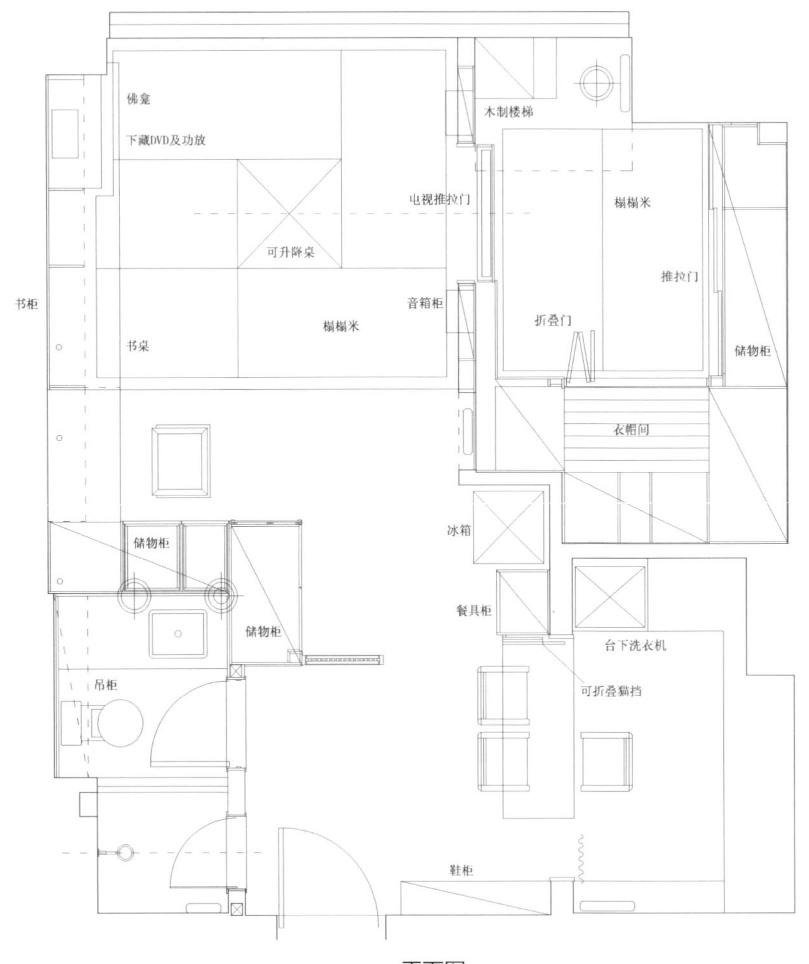
佛龛
下藏DVD及功放
木制楼梯
电视推拉门
榻榻米
可升降桌
推拉门
书柜
音箱柜
榻榻米
折叠门
书桌
储物柜
衣帽间
储物柜
冰箱
储物柜
餐具柜
台下洗衣机
吊柜
可折叠猫挡
鞋柜

平面图

CHOCOLATE
AMATLLER

公屋不只是公屋
HONG KONG PUBLIC HOUSING

项目名称 _ 公屋不只是公屋 / **主案设计** _ 廖奕权 / **项目地点** _ 香港北区 / **项目面积** _25 平方米 / **投资金额** _35 万元 / **主要材料** _ 木纹胶板、松木、水泥批荡、不锈钢、清镜、铁线玻璃及板石等

A 项目定位 Design Proposition
公屋以开放式间隔，原有主人房设于窗前，另设厨房、露台及无窗厕所。虽然间隔四四方方，没有三尖八角，但单位坐向正北，而且只有单边窗，所以采光度非常有限，厅区更几乎没有一线日光。设计师定好两房间隔后，决定加长原有厨房墙身，并以铁线玻璃处理部分趟门，配合清镜饰墙、松木家具、木纹胶板假天花及水泥批荡墙身等，为单位注入年轻活力之余，亦多添一氛温暖和谐感觉。

B 环境风格 Creativity & Aesthetics
面对无窗厕所的格局，设计师想出拆去露台与厕所之间的砖墙，新换一幅强化磨沙玻璃，取其透光不透明的优点，变相令厕所多了扇大窗。厕所以不同炭灰色的瓷砖物料铺砌墙身及地台外，另以灰色板石铺砌浴室台面及日式浸缸，让屋主每天也可享受回家的自在与舒适。多功能的厅区设计，其中一个亮点是餐台上的悬臂壁灯。灯饰以黑色焗油铁器配搭玻璃灯胆，工业味道浓厚，对比水泥批荡、松木家俬及木纹胶地板饰墙，层次相当丰富。灯臂长约 3 呎，方便设计师在假天花编排其他射灯，加强室内的光影变化。

C 空间布局 Space Planning
设有特色吊扇的厅区，墙身分别以水泥批荡、清镜及木纹胶板处理，同时连贯天花物料。崭新的意念，成功将地台、墙身及天花完美连系，亦可弥补日光不足的问题。设于中轴线上的原木餐台、储物长凳、组合式梳化床及电视机，令客饭厅及睡房看似三为一体，实际上却可鲜明分区，即使屋主的亲友来访，也有足够的坐位空间。设计师更细心地在饭厅一角加设特色木制吊扇，同样有助空气流通。

D 设计选材 Materials & Cost Effectiveness
厅房地台新铺木纹胶板，既可减轻装修支出，亦可缩短工程时间。此外，室内局部饰墙及假天花刻意连贯木纹胶板效果，在灯光衬托下更添层次。除了木纹胶板，松木是另一主角。设计师以松木订造大部分家俬，同时以不同造型的松木（如板材及条子等）创作主题墙、趟门及门框，加强部屋感觉。设计师亦加入水泥批荡、不锈钢、清镜、铁线玻璃及板石等物料，突出原始、不经打磨的粗糙质感。

E 使用效果 Fidelity to Client
效果非常好。

本来生活
ORIGINAL LIFE

项目名称 _ *本来生活* / **主案设计** _ *程晖* / **项目地点** _ *北京市顺义区* / **项目面积** _ *140平方米* / **投资金额** _ *19万元* / **主要材料** _ *实木板、水泥等*

A **项目定位** Design Proposition

我们重新对居住的方式做了诠释，不再保守于传统的户型格局。

B **环境风格** Creativity & Aesthetics

设计风格绝对是现代风格，但中国京韵和北欧的自然风很好地做了融合。

C **空间布局** Space Planning

拆掉一切墙，留下一个无比开阔的全新空间。

D **设计选材** Materials & Cost Effectiveness

材料全部都是取材于自然，实木板、水泥地、白墙青砖灰瓦，协调统一。

E **使用效果** Fidelity to Client

一如纯粹洁白的空间一样，在这里，你会放下繁杂的物欲，生活也回到了她本来应该有的样子！

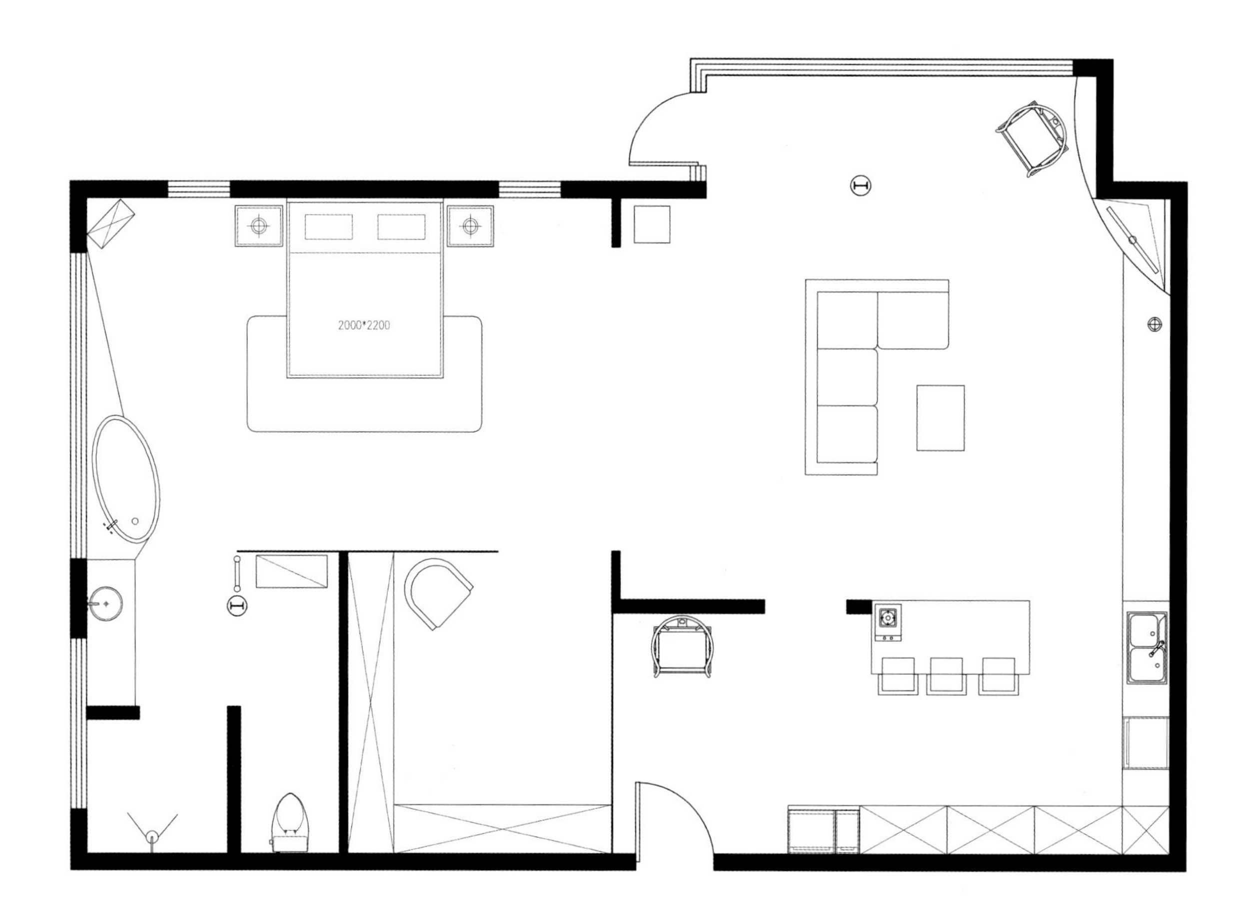

平面图

京城幻想曲
BEIJING FANTASY

项目名称 _ 京城幻想曲 / **主案设计** _Thomas Dariel / **项目地点** _ 北京市崇文区 / **项目面积** _1500 平方米 / **投资金额** _370 万元 / **主要材料** _ 实木板等

A 项目定位 Design Proposition

Dariel Studio 最新完成的私人住宅项目可谓是奏响了一部现代感的幻想曲。这个 1500 平米大的公寓坐落于繁华的北京三里屯地区，超凡的装饰设计完全体现出业主不凡的性格。

B 环境风格 Creativity & Aesthetics

制造开放性的空间是首当其冲。一楼就是一个巨大的开放式区域，没有任何隔断。没有保留墙体，Thomas Dariel 运用不同的纹理、材质、颜色、线型和造型来区分不同的空间，让每个空间诉说不同的故事。超大挑空的客厅空间，由纺锤形的承重柱支撑二楼的结构，以及可以反射一二楼的镜面包裹的横梁，让人很难知道空间的连结处。由于入口处的天花太低，设计师也运用了视错手法带来了同样的空间感。走入时，深色的木地板将客人引领进主客厅，而周围都用黑白条纹螺旋式排列进行互相反射，制造出迷幻的氛围让人无法分辨处于哪里。透过入口，可以看见再次无止尽旋转的圆形楼梯，令人印象深刻地找到公寓的中心。这个旋转楼梯本身就如同艺术品一般，位于整个空间的中心，以开放式的姿态连结着每个功能区域。它是整个空间结构的精髓，整个设计的心脏。

C 空间布局 Space Planning

如果说设计风格是如此的夸张，但公寓的布局却是完全基于客户的需求上的。一楼更多的是满足比较公共的需求，如玄关、客厅、餐厅、厨房、客卧 / 客卫、儿童玩乐区和艺术陈列区；二楼则是更为私密的房间，主卧 / 主卫、儿童房 / 浴室、家庭区、更衣室和书房。每间房间布局和整体都由风水大师协调设计以保证一个和谐舒适的住宅环境。

D 设计选材 Materials & Cost Effectiveness

细节上，利用护墙板做过很多有趣的处理。比如主卧卫生间采用镜面为材，做成护墙板的样式，合围成一处隐形的外墙。

E 使用效果 Fidelity to Client

不仅客户对此十分满意，京城幻想曲项目落成后一度席卷了几乎所有国内外各大家居设计类媒体的头条，甚至多次成为杂志的封面。

ABCD
EFGH
IJKL
MNOP
QRST
UVWX
YZ

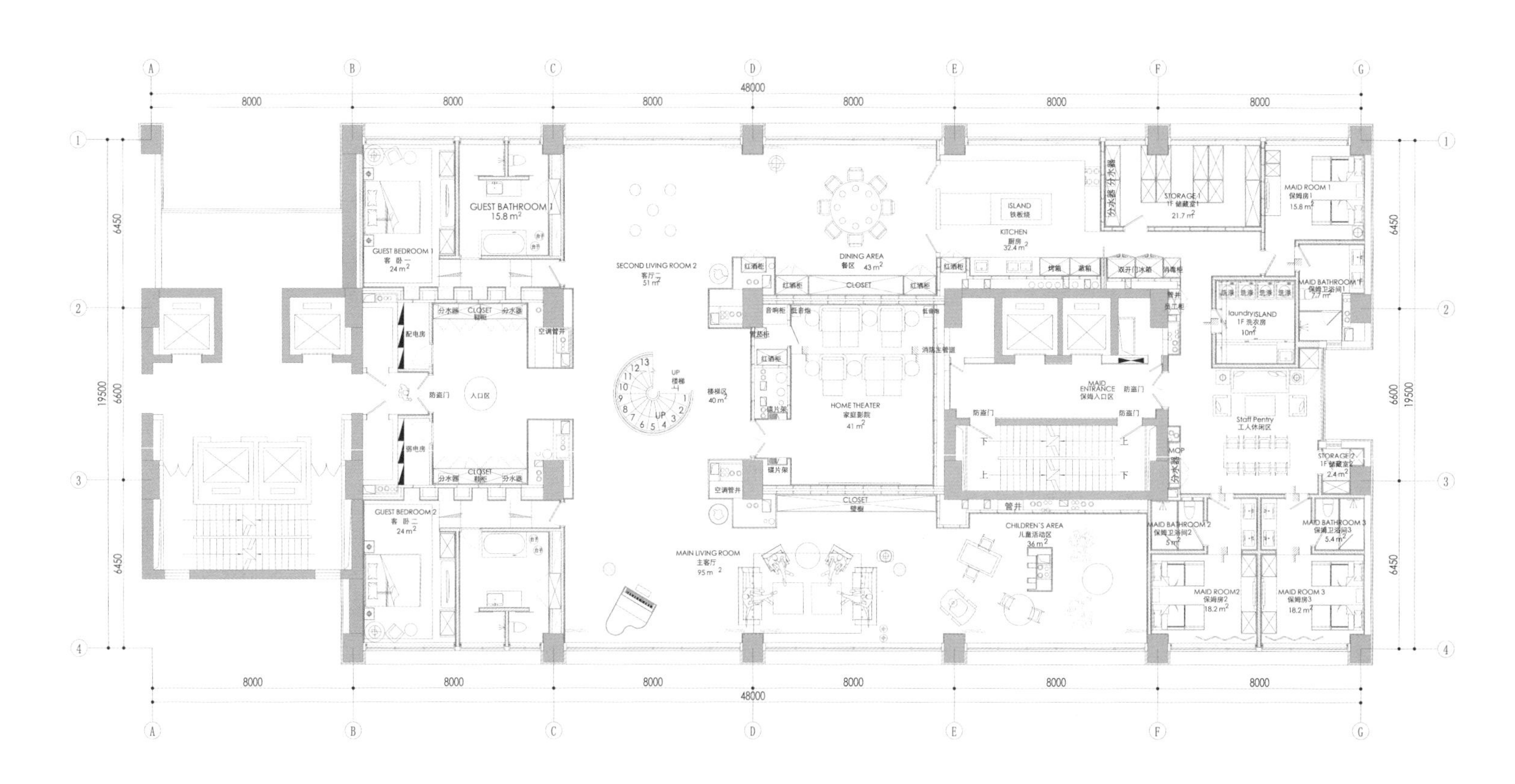

A
B
C
D
E
F
G
1
2
3
4
8000
48000
6450
6600
19500
GUEST BATHROOM 1
15.8 m²
GUEST BEDROOM 1
客卧一
24 m²
CLOSET
SECOND LIVING ROOM 2
客厅二
51 m²
DINING AREA
餐区
43 m²
KITCHEN
厨房
32.4 m²
ISLAND
铁板烧
STORAGE 1
1F 储藏室1
21.7 m²
MAID ROOM 1
保姆房1
15.8 m²
laundry ISLAND
1F 洗衣房
10m²
HOME THEATER
家庭影院
41 m²
MAID ENTRANCE
保姆入口区
Staff Pentry
工人休闲区
GUEST BEDROOM 2
客卧二
24 m²
MAIN LIVING ROOM
主客厅
95 m²
CHILDREN'S AREA
儿童活动区
36 m²
MAID ROOM2
保姆房2
18.2 m²
MAID ROOM 3
保姆房3
18.2 m²

一层平面布置图

ABCD
EFGH
IJKL
MNOP
QRST
UVWX
Z

ABCD
EFGH
IJKL
MNOP
QRST
UVWX
YZ

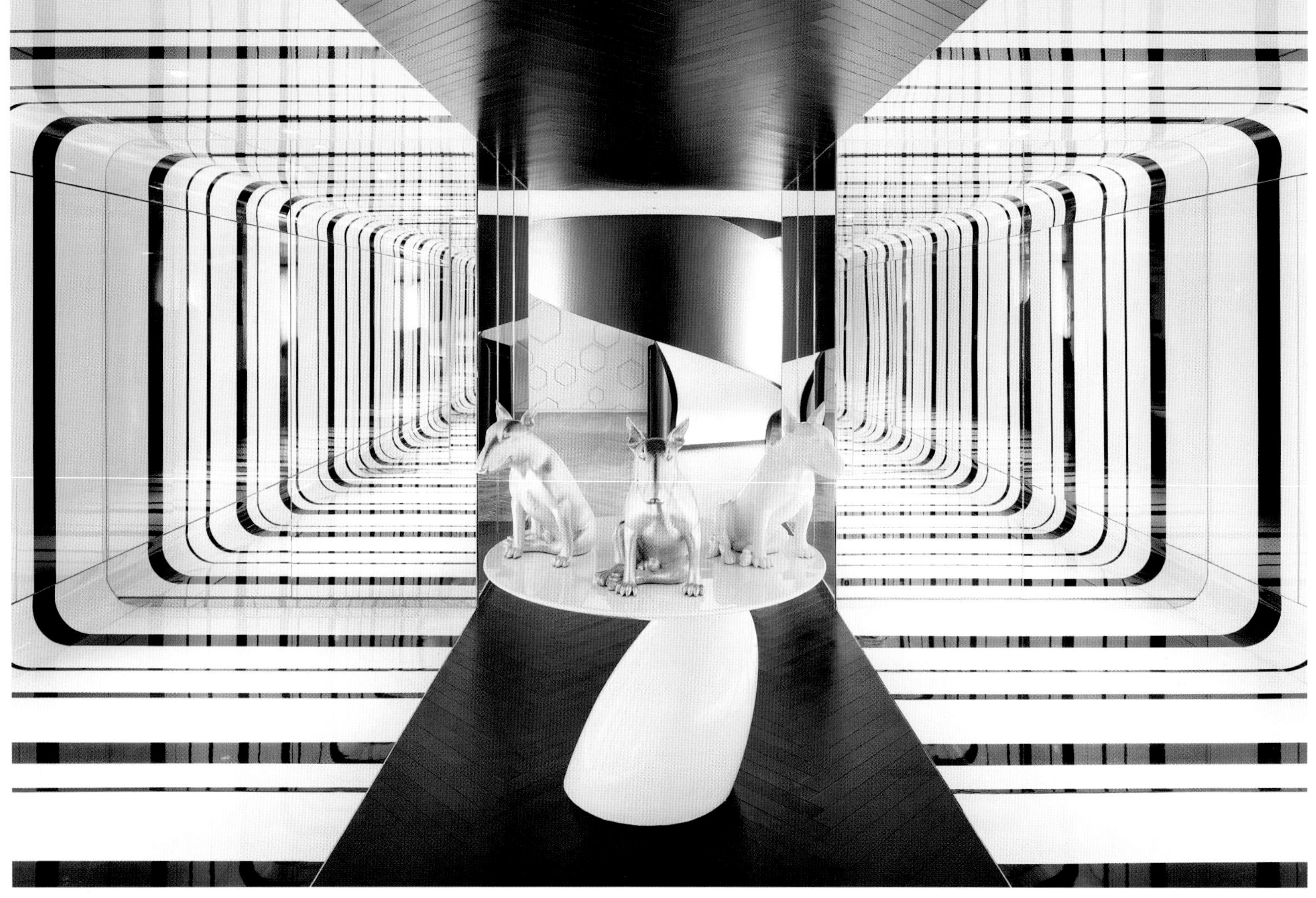

0
180
270

WE ARE

租客星球
ZOKSTAR

项目名称 _ *租客星球* / **主案设计** _ *戚帅奇* / **参与设计** _ *吴恩良* / **项目地点** _ *浙江省杭州市* / **项目面积** _ *60 平方米* / **投资金额** _ *8 万元*

A 项目定位 Design Proposition

我们通过一种低成本的硬装来展示当代 80、90 乃至 00 后来到城市租房应有的体面，带给年轻人一种积极向上的生活观念。

B 环境风格 Creativity & Aesthetics

随性、自由、浪漫，这也是杭州这座城市给人的感受。我们在设计上保留了许多房屋原有的元素，将历史能一代代延续下去。

C 空间布局 Space Planning

在空间上局部做了改造，增加了干湿分区，为租房客们在卫生间使用上提供了方便，也最大化地提供客厅、餐厅的空间感，为合租生活带来了更多的互动。

D 设计选材 Materials & Cost Effectiveness

所有材料均就地取材并且使用传统工艺，但在软装物品上精心搭配，把文艺的气质体现在整个空间之中。

E 使用效果 Fidelity to Client

开始有许多顾客因为不敢相信这样的合租存在，过来咨询都似乎没报太大期望，但是体验实地后，我们看到顾客的喜悦都很兴奋，之前的努力和辛苦真的都值了……

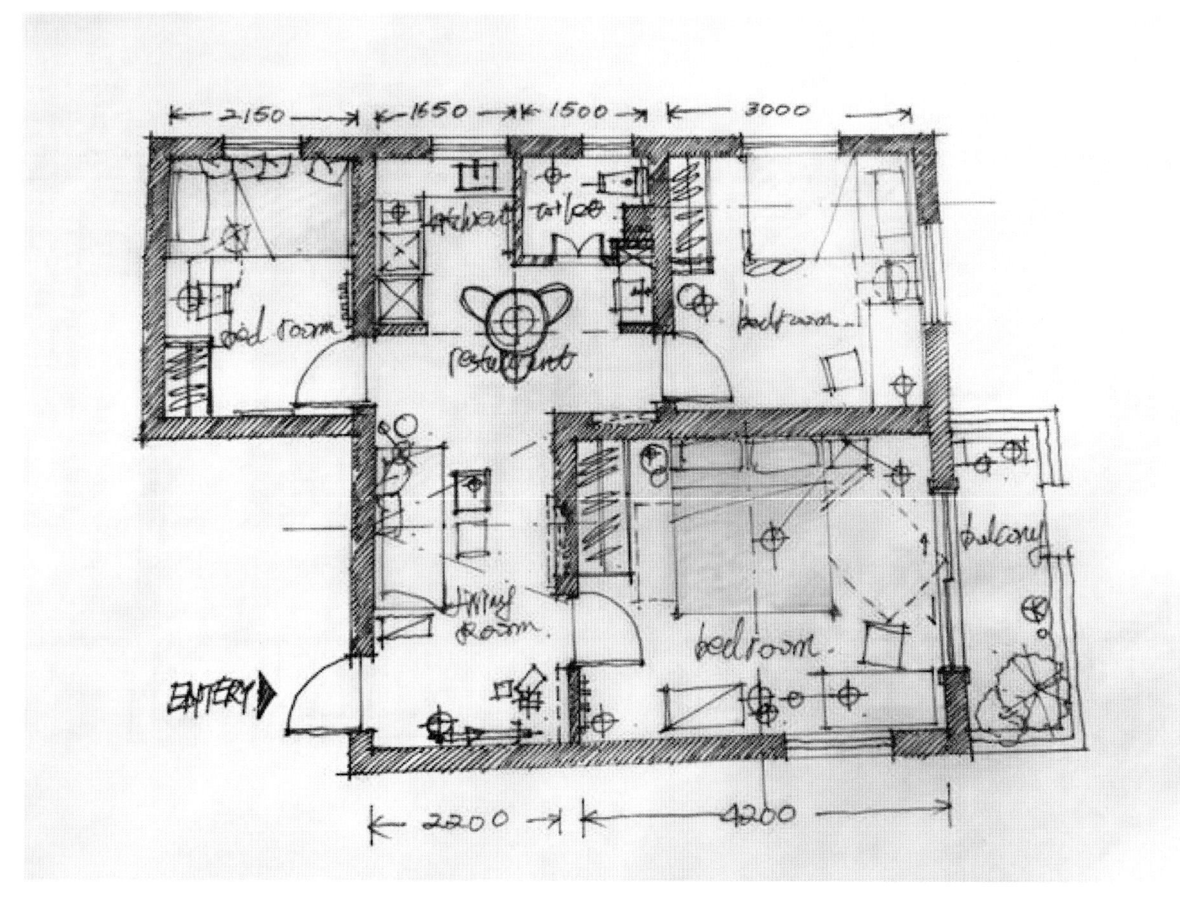

2150
1650
1500
3000
toilet
bed room
restaurant
bedroom
balcony
living room
bedroom
ENTERY
2200
4200

平面布置图

103
this is my life
three

万科大都会
METROPOLIS

项目名称 _ *万科大都会* / **主案设计** _ *蔡蛟* / **项目地点** _ *北京市朝阳区* / **项目面积** _ *300 平方米* / **投资金额** _ *700 万元* / **主要材料** _ *皮革、铜、真丝、雕花玻璃、板岩等*

A 项目定位 Design Proposition

中国文化的复兴，中国设计西方生产的趋势。

B 环境风格 Creativity & Aesthetics

将中国传统艺术和当代艺术与西方艺术融合。

C 空间布局 Space Planning

将原有的封闭式餐厅改为半开放式餐厅，餐厅更加宽敞明亮。将原有客厅区吧台改为火炉、休闲区、吧台三位一体的功能区。

D 设计选材 Materials & Cost Effectiveness

将皮革、铜、真丝、雕花玻璃、板岩等材质结合，具有中国的韵味。

E 使用效果 Fidelity to Client

业主很喜欢！曾有知名导演希望在他家取景拍戏，被委婉拒绝。

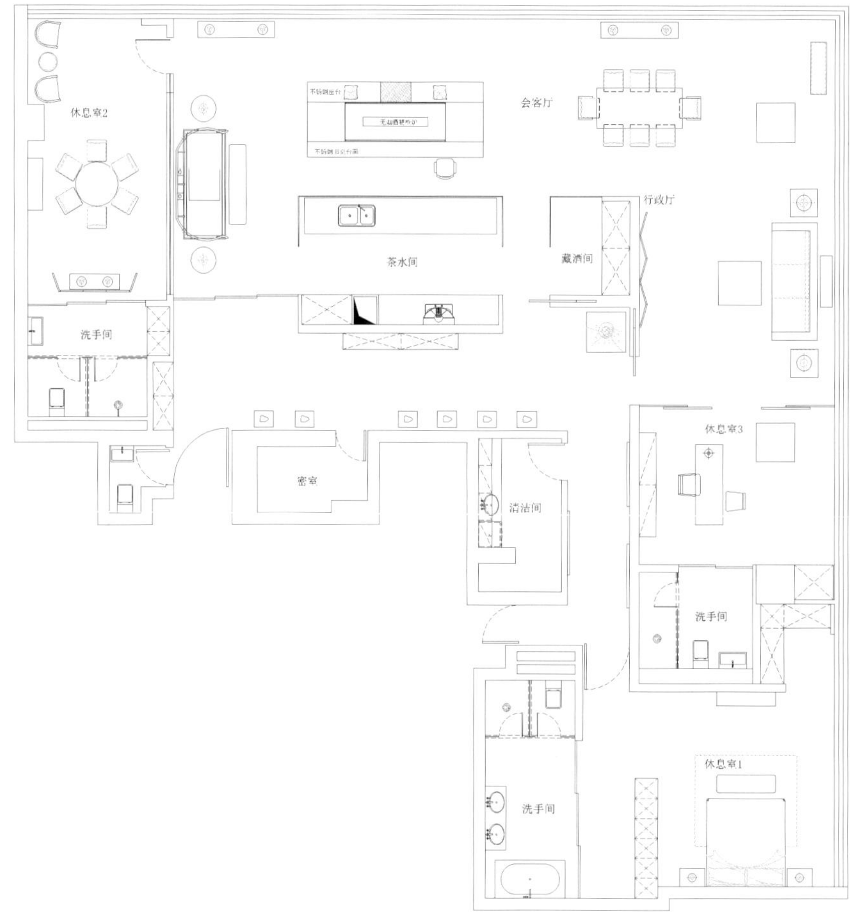

平面布置图

Joie de vivre 上海老公寓

JOIE DE VIVRE

项目名称 _*Joie de vivre 上海老公寓* / **主案设计** _*解方* / **参与设计** _*杨耀淙* / **项目地点** _*上海市徐汇区* / **项目面积** _*194 平方米* / **投资金额** _*100 万元*

A 项目定位 Design Proposition

项目坐落于上海瑞华公寓，一栋建于 1928 年的原法租界 ArtDeco 风格建筑内，在 194 平方米的面积内，我们希望通过设计重现舒适且生气勃勃的以享受生活为主题的设计理念，同时这一理念本身也引起了业主的强烈共鸣。漫步于这昏暗的空间中，你会从业主及其生活中发现更多诸如此类对立且诱人的故事。这栋公寓真正的精神是一种娱乐的思维，我们希望你能享受这个空间正如我们享受设计及建造他的过程。

B 环境风格 Creativity & Aesthetics

业主是一对四海为家的夫妻，他们曾经在新加坡、伦敦、香港、东京生活过，现在他们定居在上海。随着他们越来越享受这种现代化大都市中多样化的生活状态并对新的环境持越来越开放的态度，他们也从未忘记自己的根，这种信念也反应在整个室内设计元素中。

C 空间布局 Space Planning

进入大门的动线引领人们进入中厅位置，中厅两侧是被吧台隔开的餐厅及开放式厨房。开放的区域感可以让客人彼此在舒适的环境下互动，同时也可以与在厨房中工作的主人自然交流。走廊端头放置着一组复古电影院的座椅，朋友们可以在晚餐前放松地于此闲聊，餐边柜放置着业主从世界各地搜集的玻璃器皿和茶具，微弱的灯光提升了整体展示效果及使用的便捷性，甚至连他们的猫，也有专属于自己的由新加坡 Kwodrent 工作室设计编织的猫抓凳。 我们设计了一条长走廊以区分相对开放的公共区域及私蜜的休息区域，并且将休息区套间的浴室及更衣室门做暗门处理，以便不打断长走廊的空间延续性，同时保证布置在最远端的主卧到入口区域保持绝对的隐私。远端的主卧中，一个如月亮船般的镜面艺术品悬挂在床头上方，用以营造在大自然昏暗、开放的天空下睡觉的感觉。

D 设计选材 Materials & Cost Effectiveness

原建筑的铁艺窗户完美的成为背景衬托着 Eames 的躺椅及 Moooi 的猪桌，欧式的古典护墙板与现代吊灯并置共存，法式餐桌与 HAY 的餐椅完美搭配，做旧的大理石表面与高科技的现代厨具互相映衬，复古的铜质灯具与时尚的暗灰色调产生强烈冲击。

E 使用效果 Fidelity to Client

这是一个让业主及他们的猫更为放松且平静的静谧空间，是一个给予每个访客惊喜的场所。至今已有多家传统媒体及新媒体对本项目进行报道。

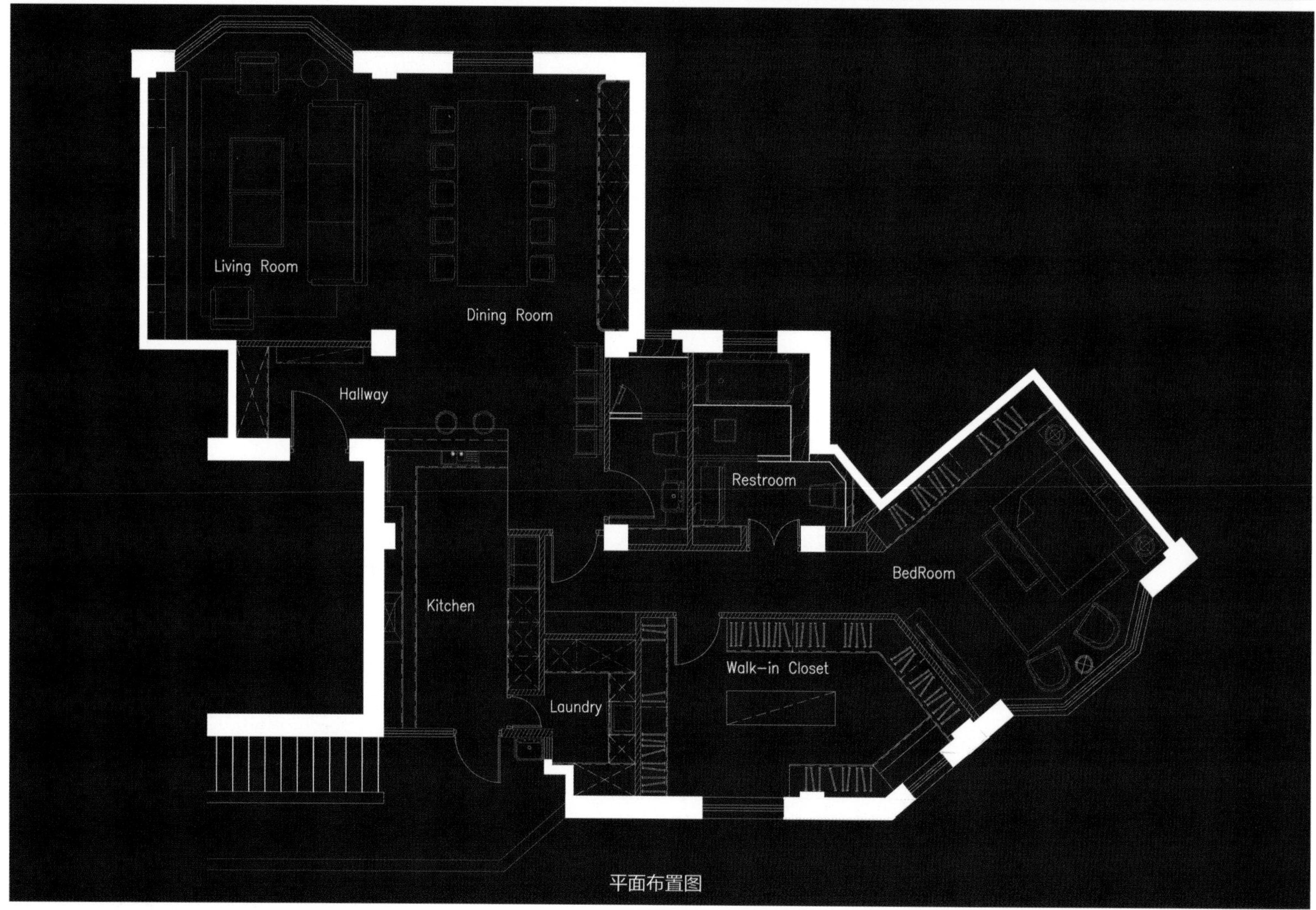
Living Room
Dining Room
Hallway
Restroom
BedRoom
Kitchen
Walk-in Closet
Laundry

平面布置图

简约空间的整合

MINIMAL INTEGRATION SPACE

项目名称 _ 简约空间的整合 / **主案设计** _ 王智衡 / **项目地点** _ 香港湾仔区 / **项目面积** _242 平方米 / **投资金额** _100 万元 / **主要材料** _ 木材、玻璃等

A 项目定位 Design Proposition

设计师巧手整合格局，让没有梁柱建筑结构的宽裕单位，间隔可更灵活改动，为屋主绘制专属的生活场域。以极简设计美学创造融合机能与美感的明亮家居。

B 环境风格 Creativity & Aesthetics

环境风格上的特点是利用宽敞的空间走向现代简约风格，显得更开阔大器，例如金色哑面的吊灯，让家居添了一份优雅。而整体环境亦造就视觉上具穿透性及细腻质感的居住空间。

C 空间布局 Space Planning

这单位的特色在于它的独特结构，令布局的编排上更具弹性。大厅的设计，我们除保留原有阅读室的位置，亦把装上了特式墙的厅堂微调成长方形，显得空间更俐落。在私人区域的编排上，重新规划成主人套房及三间大小相约的孩子房。设计师特意把孩子房以趟门分隔，增加活动空间的灵活性。

D 设计选材 Materials & Cost Effectiveness

为凝聚沉稳内敛的氛围，我们选用了以质朴的用色及材质铺陈。厅堂选材以木材和玻璃为主，衬以米白主色；孩子房则颜色较鲜明，各有特式。整个单位的深浅色互相调和，所有线条利落简洁，带出极简设计风格。

E 使用效果 Fidelity to Client

设计师把美感充分在选材、颜色上展示出来，而空间布局亦达致屋主的需求，兼备了居家该有的舒适感及无压感。

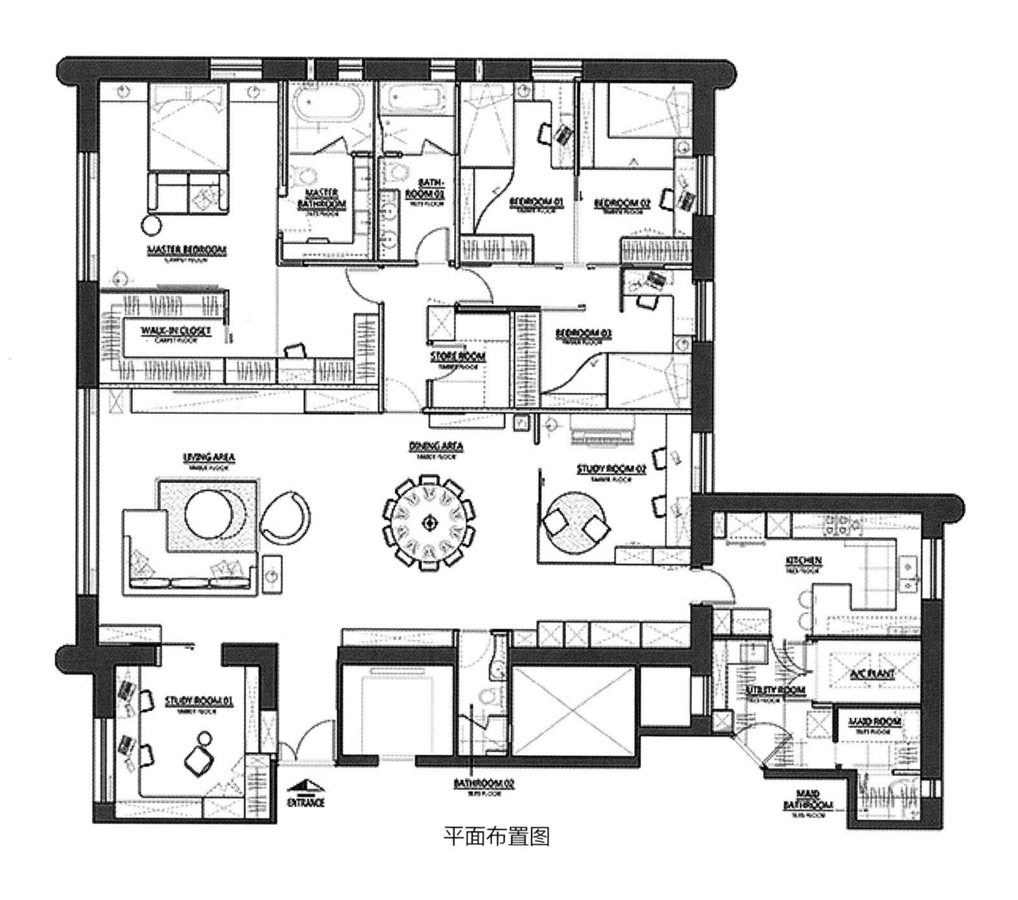
MASTER BEDROOM
MASTER BATHROOM
BATH-ROOM 01
BEDROOM 01
BEDROOM 02
WALK-IN CLOSET
STORE ROOM
BEDROOM 03
LIVING AREA
DINING AREA
STUDY ROOM 02
KITCHEN
A/C PLANT
UTILITY ROOM
MAID ROOM
STUDY ROOM 01
ENTRANCE
BATHROOM 02
MAID BATHROOM

平面布置图

宛平南路 88 号官邸

MODERM CHINOISERIE

项目名称 _ 宛平南路 88 号官邸 / **主案设计** _ 赵牧桓 / **项目地点** _ 上海市徐汇区 / **项目面积** _600 平方米 / **投资金额** _ 无 / **主要材料** _ 木材、玻璃等

A 项目定位 Design Proposition
用一个比较简单的形式关系去表达一个大都会的居住方式，一个是必须是现代的调性，另一个则是必须带有东方的意念。

B 环境风格 Creativity & Aesthetics
我决定从地面着手去解释这个问题，解决完了地面才入手平面和空间层次上的划分。

C 空间布局 Space Planning
入口维持早期东方中式住宅那种大宅门的味道，大铁门加上两头镇宅的石狮子，留了开口在石狮子后面，一方面可以有自然光渗透到阴暗的电梯玄关，另一方面，主人不用开门也可以探望外面的来人。第一进的玄关是作为通往右侧公共空间和左侧私密空间的一个转折口，也是一个重要的起承转合的地方，更是开启这个宅子的纽带。每一个空间的连结处，安置了条形木门，可以隐藏到墙里，这样主人可以自己依照特殊情况和需求分隔空间，门是自动门，省却需要佣人去开启而已。从客厅到餐厅到收藏室都是依照此根本逻辑去安排，也很自然形成该有的动线。从入口玄关往左到各个私密卧室，卧室的安排倒也是比较参照传统长幼有序的逻辑去布局。

D 设计选材 Materials & Cost Effectiveness
中国人喜欢自然的东西，这是一种文化特性。中国人喜欢搜集石头，从庭园景观造景用的那些奇石，到欣赏大理石里面自然堆砌所成就出来的如画般的天然肌理。如果把这山水般的肌理加以放大铺满整个空间，我觉得应该有点意思，索性把自己当成画匠猛往画布里泼洒墨水，地面造型就完成了。

E 使用效果 Fidelity to Client
这种平面布局很规整，空间的景深和境深都会顺着平面形成。做着做着，才发现自己无意识地在寻求古代士绅但是是活在现代的一种生活方式。只可惜没能放进自己设计的家具灯具等小摆件，不然我会觉得玩得更起劲。

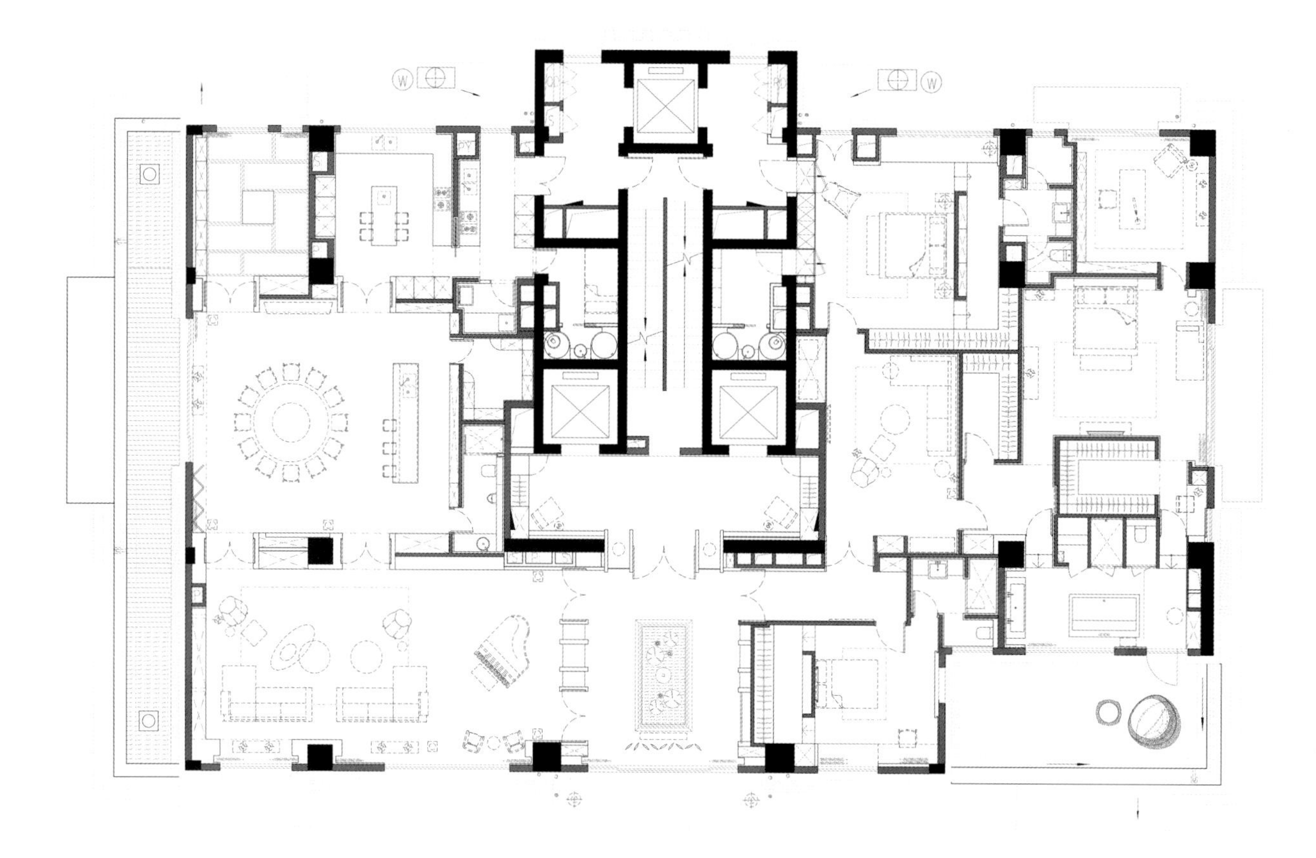

平面布置图

宜动宜静
ACTIVE OR SEDENTARY

项目名称_宜动宜静 / **主案设计**_许盛鑫 / **项目地点**_台湾台中市 / **项目面积**_125 平方米 / **投资金额**_146 万元 / **主要材料**_大理石、铁件等

A 项目定位 Design Proposition

此案尽管坐落绿园道，但身居后栋加上楼层不高，完全没有对外借景的资源可用，因此设计师首要的思考，就是如何透过内景制造，打造一处动态时兼具讲堂、会馆、接待所等多人共享机能，静态时可供屋主个人独处办公、静心沉淀；随机宜动宜静的人文御所。

B 环境风格 Creativity & Aesthetics

本该掩映于窗外的绿意，重新剪辑在长桌后的大面墙上，我们以室内植生墙的概念，将内景制造的可能最佳化，盎然的绿意带来明确的净化作用，也让空间显现出安静悠远的归属感。

C 空间布局 Space Planning

本案为跃层式复层形态建筑，原有的室内梯设在玄关进门处，不仅切割、压迫主空间，动线也极不顺畅，因此我们将室内梯移至窗边靠墙的位置，配合加大的梯口与前三阶，打造别致的界面衔接处与采光天井，扩张视线向上延展的可能，刻意裸露的梯线剖面线条洗炼，同时展现结构强化的精湛细节，成功塑造兼具机能与美感的空间亮点，而行进间分置于墙面上下内退处的精品格柜，配合结构横梁的分界，同样是内景制造的精华重点。

D 设计选材 Materials & Cost Effectiveness

一楼以特制超长餐桌为轴心的聚落设计，大理石、铁件以不同方向分置的脚座造型，同时结合电器插槽的设计，彻底颠覆了世人对于“桌”的定义。尽头处的白墙搭配投影设备，可供多人在此进行商务会议，长桌上方一排玻璃球形灯以 5、3、2 不规则的活泼序列，点燃整个空间的轻盈律动，长排向阳的木百叶过滤杂乱街景，只留下柔和的光缓缓逸入。

E 使用效果 Fidelity to Client

二楼是屋主独享的静谧空间，局部架高地面的日式卧铺，佐以西式的沙发摆设，展现文明混搭的静态和谐之美，侧面墙上点缀着立体感十足的世界地图，这是整个设计团队花了很多心思，以飞机木加上等高线堆栈法，一刀刀雕凿而成的装置艺术，别出心裁的诠释，也象征着屋主无远弗届的事业版图。

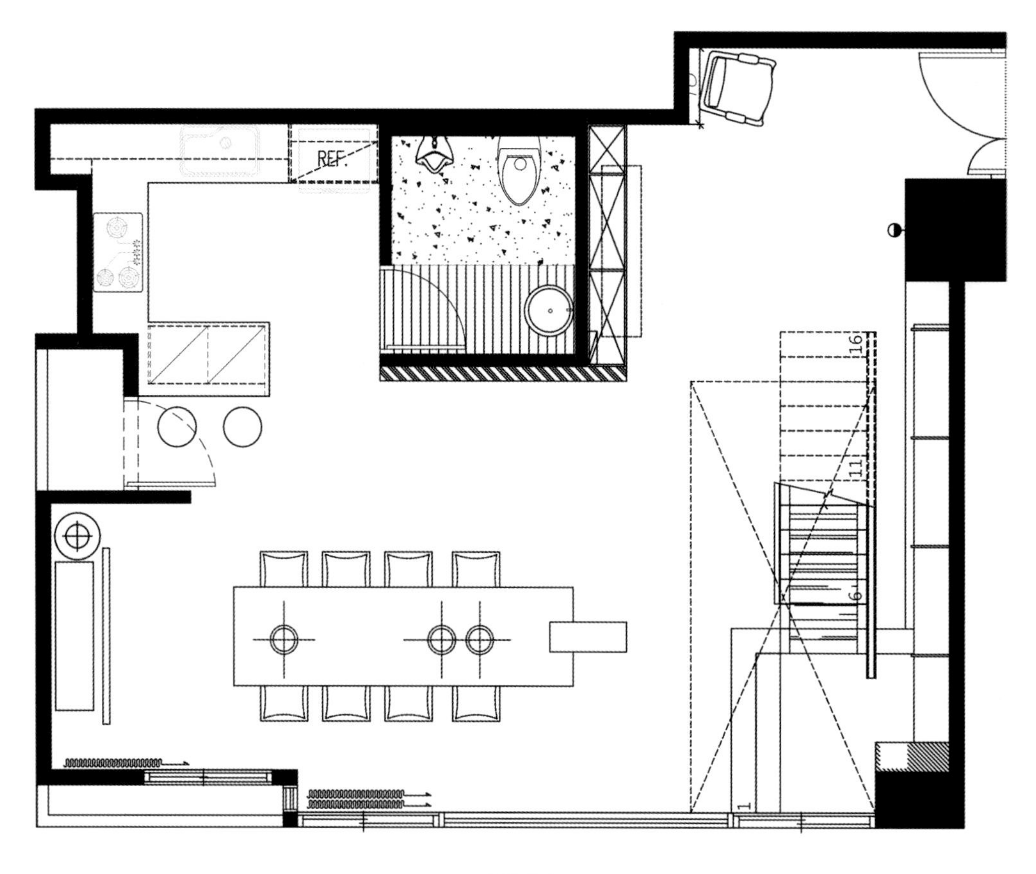

平面图

夹缝中的家
HOME IN THE CREVICE

项目名称_夹缝中的家 / **主案设计**_王平仲 / **参与设计**_沈顺权 / **项目地点**_上海市虹口区 / **项目面积**_58平方米 / **投资金额**_32万元 / **主要材料**_大理石、铁件等

A 项目定位 Design Proposition

"夹缝中的家"为公益性的设计，以人为本的设计理念，除了希望能改善委托户的生活空间，更希望能让更多的平民百姓相信设计的力量。

B 环境风格 Creativity & Aesthetics

这不仅仅是一栋见证了上海历史的老房子，它还承载了周家的兴衰、悲欢离合和夹缝中求生存的意志。因此，除了在改造房屋中注入"阳光、空气、水"的设计概念以维护人在空间中生存的基本尊严之外，旧物利用成了此次设计最重要的一项挑战，将原本不堪使用的建材转换成装置、家具和记忆留存于周家，这会是链接人与建筑、人与历史、人与未来之间的对话。

C 空间布局 Space Planning

改造以建筑结构加固作为开始，将房屋内老旧、不堪使用的青砖墙和木楼板依次拆除，并以钢结构加固三面砖墙；将一层空间的地基垫高，除了防止雨水倒灌，抬高的地基做了防水处理避免潮湿之外，天井和屋顶的排水可直接藉由垫高的地基顺利排出室外；一层入户门一分为二，将彼此纠缠的两户空间从入口大门处即彻底切割分离；改善居住空间的物理环境，将原本只有在建筑正立面的一面微弱采光改造成四向度的采光，分别为正立面的整面玻璃墙、三层局部屋顶改为玻璃天窗，加上了天棚帘避免了白天阳光的曝晒、利用斜屋顶和平屋顶之间的缝隙产生一片采光窗，使得小孩卧室增加一处采光点、天井经过计算太阳轨迹和光照时间移位至最科学合理的采光点，使得一至三层的室内空间获得最大的自然光照，天井的移位也使得房屋产生了南北向通风对流；两户住家皆配置独立的楼梯，考虑到委托人行动不便，因此另加设一组液压电梯于委托户住宅内，方便委托人和年老的父母亲能安全上下不同楼层；感情不睦的两户在空间上被一分为二，希望这彼此的距离能产生美感。

D 设计选材 Materials & Cost Effectiveness

旧物利用，带给委托户"家"的设计。 选用优质的木地板、乳胶漆、清漆，环保健康。使用轻薄的陶瓷薄板为地面和墙面材料以节约空间。

E 使用效果 Fidelity to Client

彻底改善委托户的居家环境，改善邻里关系，给需要帮助的广大民众一个示范案例。

周

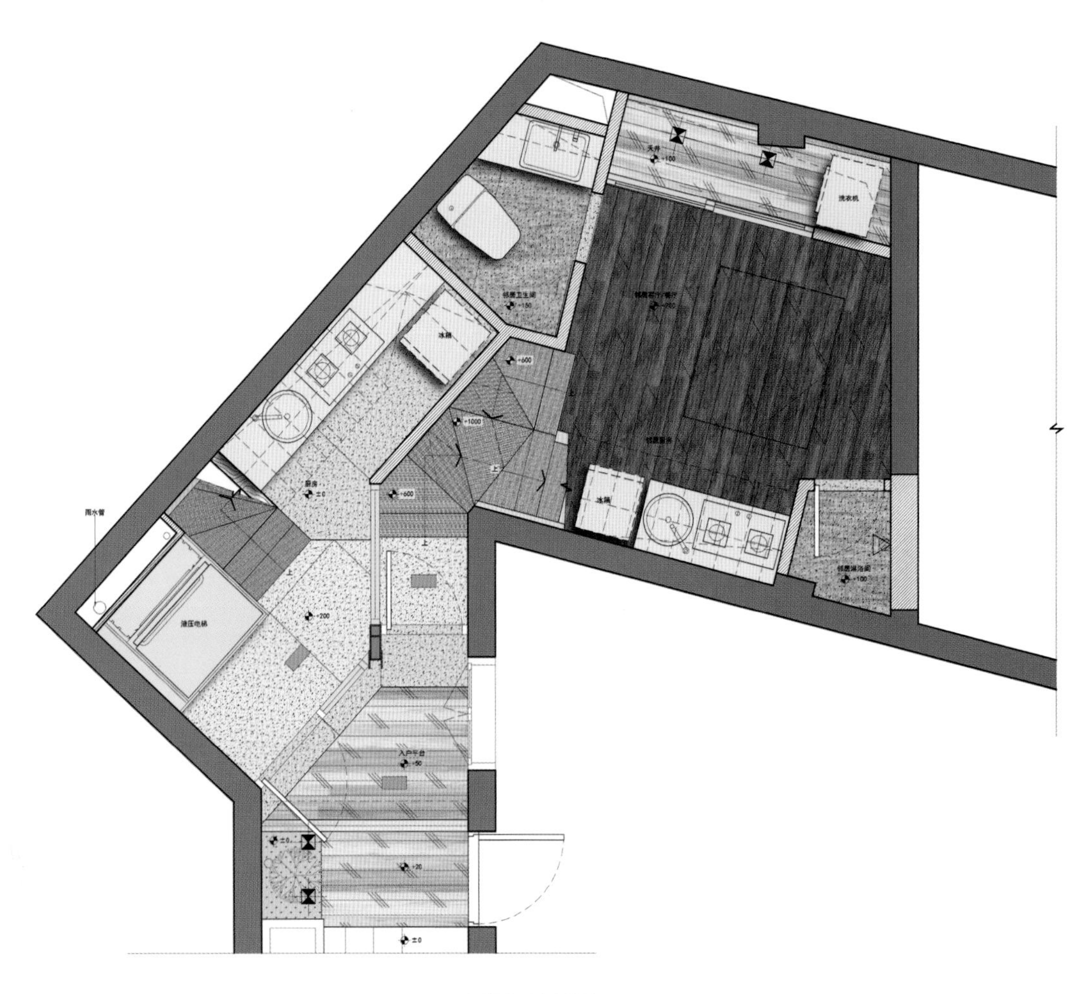

一层平面布置图

生活 & 态度
LIFE & ATTITUDE

项目名称 _生活 & 态度 / **主案设计** _蒋沙君 / **参与设计** _王琛、王听听、陈钟 / **项目地点** _浙江省宁波市 / **项目面积** _300 平方米 / **投资金额** _80 万元

A 项目定位 Design Proposition

如今的生活有点“过于热闹”，人人都忙，人人都埋在手机的世界里。当下“家”的概念已经越来越模糊，家是一种精神，它指引着我们该如何生活。设计的核心思想是生活的态度，家对于我们而言，并不在乎它有多美，而是它是否能带来归属感。它的理想状态就是可以很自如地呆上好几个礼拜不出门。

B 环境风格 Creativity & Aesthetics

整体空间以简约、素雅为主色调，加入局部搭配的软装配饰，使整体空间雅致中更加精致。

C 空间布局 Space Planning

空间的布局以开放式为主，设计师希望通过每个功能区域的串联，增进人与人之间的交流。富丽堂皇的时代已经过去，在这个浮躁的社会里，我们需要真正属于自己的生活。公共区域每一处角落都可以随意地坐下，或安静地看会儿书，或和自己最亲密的人喃喃细语。生活本该如此，不需要过多的精彩，但总能让你感动。正午，烧好美味的饭菜，仿佛墙壁上的“马儿”也嗅出了阵阵扑鼻而来的香味。对饮食挑剔的态度也成了生活中不可或缺的一部分。酒足饭饱之后，闲暇无事，坐在沙发上观赏露台刚买回的植物，或许在以后的日子里它的小伙伴会不断增多。生活的状态就是这么千变万化，对于空间并不一定要将它填满，在时间的岁月里，我们可以不断添加自己喜欢的物件，让它成为家庭的一员。楼梯在空间里并不只是走动的贯穿点，繁琐的工作之余，停下脚步，盘坐在楼梯上，不经意透过如雨丝般的钢索欣赏暗藏柜体上的艺术作品。或许能带给你一些不同意义的生活领悟。家也需要“分享”；周末，老友聚会，步入二楼的茶室，虽然不大，但却不失精致。侃侃而谈之余品一口清茶，伴随着琴声，时间仿佛凝固一般。

D 设计选材 Materials & Cost Effectiveness

软装品牌上以舒适、时尚、美观、实用为主。

E 使用效果 Fidelity to Client

清晨的一缕阳光，唤醒了崭新的旅程。一个懒腰、一杯热咖啡，依依不舍家的感觉，投入到充实的一天中。对了，出门别忘了整理一下着装。夜幕到来，四周很宁静，蛙声有节奏地谱写着美妙的曲子，端坐在书房中，记录一天愉快充实的生活。夜，依然很宁静，宁静到只剩下皎洁的月光，闭上眼期待美梦的到来。生活的态度就是如此，简单并不华丽，却能铭记于心。

10150
5910
330260
3650
10840
9570
上：共16格
4150
2230
1390
1640
11050

一层平面布置图

BABY MILO®
BATHING APE®
BY

Villa
别墅空间

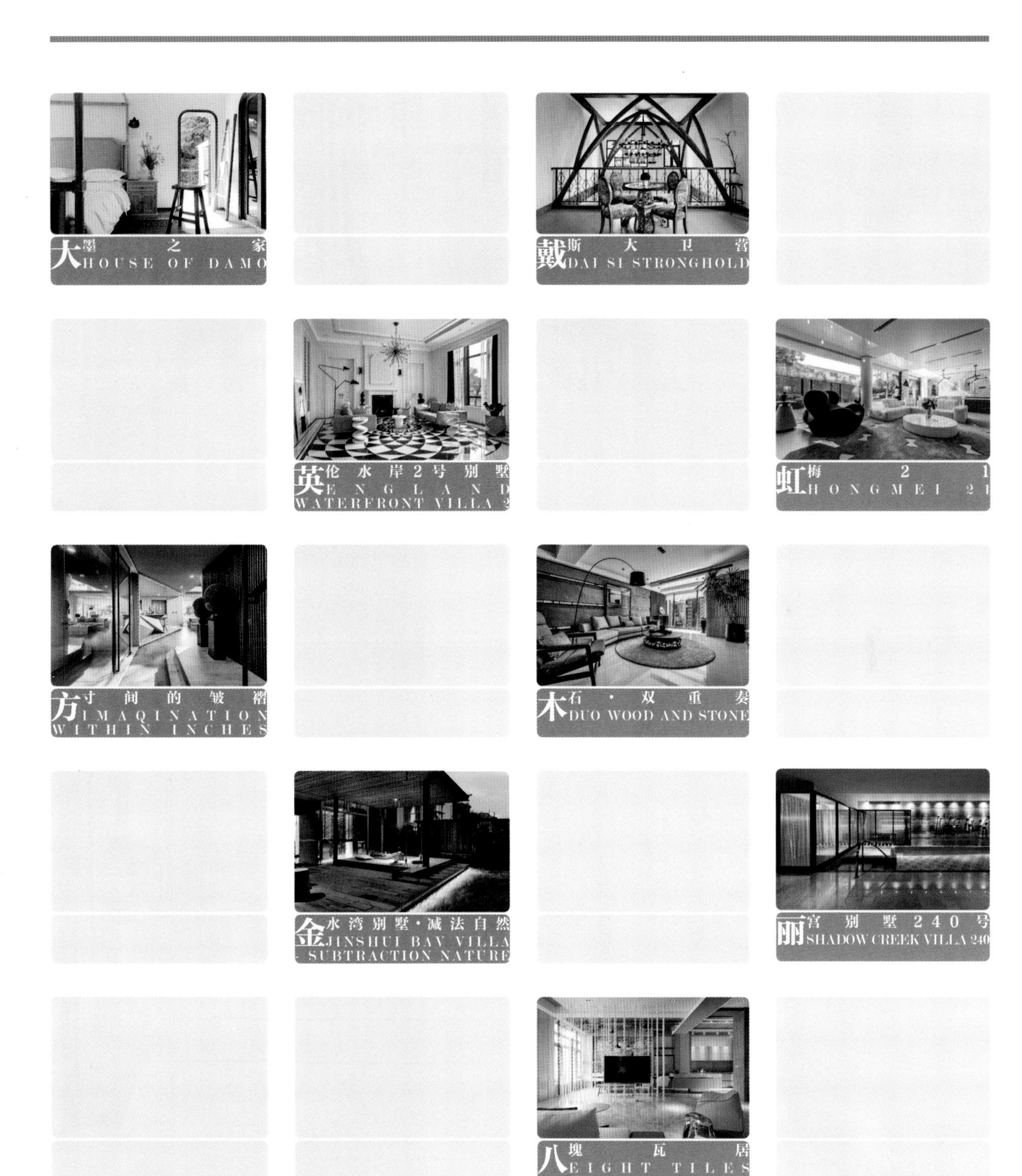

大墨之家
HOUSE OF DAMO
戴斯大卫营
DAI SI STRONGHOLD
英伦水岸2号别墅
ENGLAND WATERFRONT VILLA 2
虹梅21
HONGMEI 21
方寸间的皱褶
IMAQINATION WITHIN INCHES
木石·双重奏
DUO WOOD AND STONE
金水湾别墅·减法自然
JINSHUI BAV VILLA - SUBTRACTION NATURE
丽宫别墅240号
SHADOW CREEK VILLA 240
八塊瓦居
EIGHT TILES

大墨之家
HOUSE OF DAMO

项目名称 _ 大墨之家 / **主案设计** _ 叶建权 / **参与设计** _ 杨趋 / **项目地点** _ 浙江省杭州市 / **项目面积** _ 320 平方米 / **投资金额** _ 160 万元 / **主要材料** _ 石头等

A 项目定位 Design Proposition
这是一个老屋改建，房子坐落在山上，供平时我们公司开派对或朋友聚会，并且一两个房间对外收揽游客，设计师在设计上考虑更多的是怎样将房子与外围自然融合起来。

B 环境风格 Creativity & Aesthetics
在用材上提倡自然、环保、可循环的理念。

C 空间布局 Space Planning
在结构上也要做到可循环，让整个空间更加自由开放，整条楼梯与燕子吊灯贯穿整个空间，让它变得更有趣味。

D 设计选材 Materials & Cost Effectiveness
可以就地取材，比如采用后院的石头，设计师做了石头壁灯、石头切片展示架、石头壁炉等。

E 使用效果 Fidelity to Client
多次登上杂志及一些微网站进行推广。

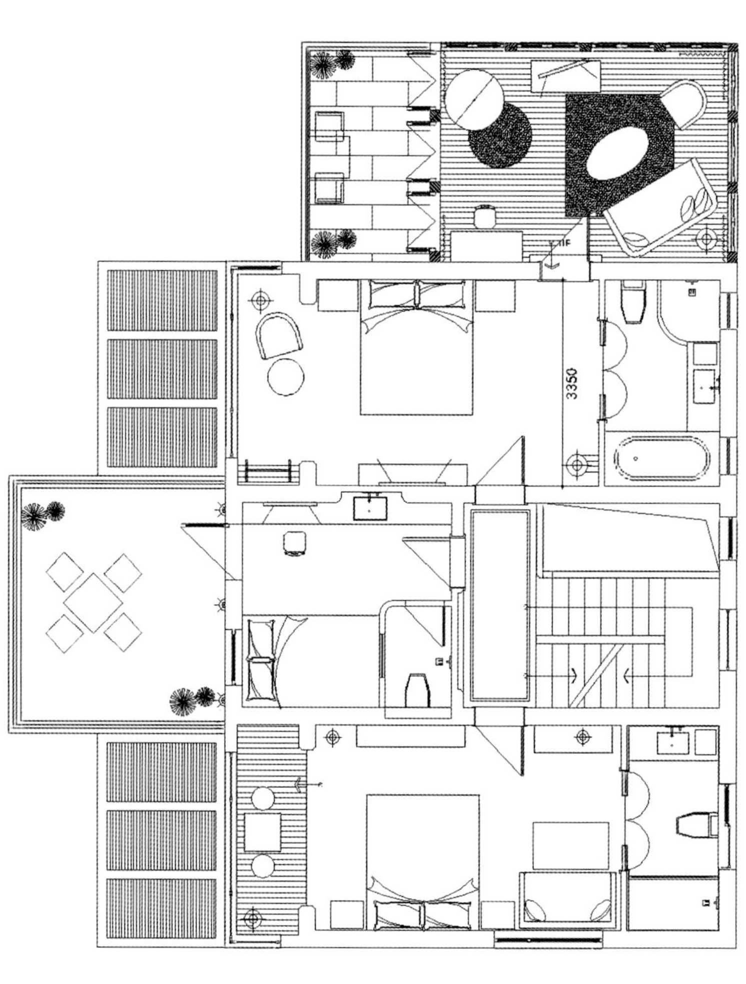

二层平面图

戴斯大卫营
DAI SI STRONGHOLD

项目名称 _ 戴斯大卫营 / **主案设计** _ 梁瑞雪 / **项目地点** _ 重庆市九龙坡区 / **项目面积** _500 平方米 / **投资金额** _200 万元 / **主要材料** _ 仿古砖、质感漆、文化石等

A 项目定位 Design Proposition

本项目是一企业老总在仙女山上的度假别墅。原建筑是两套双拼别墅，现将其改造为一套独栋别墅。业主要求的功能是休闲、度假，在具有普通住宅应该有的功能以外，还要有接待、会议、洽谈、娱乐等具有企业会所性质的功能。

B 环境风格 Creativity & Aesthetics

为达到业主的要求，我们对原始结构进行了大幅度的改造。一层的功能为接待，我们全部安排为开敞空间，包括餐厅厨房也都具有接待功能。我们根据业主的生活习惯和工作习惯，组织的动线是按使用频率和开放程度层层递进，以此为依据安排各个功能区。二层为半开放空间，设置了会议室和娱乐室。三层四层为卧室，因为兼具接待客房，所以参照酒店客房设计标准充分考虑了功能性私密性等问题。

C 空间布局 Space Planning

因为是度假别墅，在风格定位上我们首先倾向于轻松、随意、清新自然。同时业主领导的企业是重庆市房地产销售行业的冠军，锐意进取、“狼性”十足，既然这栋别墅要兼具企业会所的功能，我们就要在其中加入坚毅、阳刚的企业精神。基于这些想法，我们打造的是一个混搭的空间。硬装比较简单，是开放和包容的，让轻松休闲、坚毅阳刚能在其中和谐共存。当然简单之中其实是有很多复杂的考虑的，如拱券的形式、窗型样式、室内外对景关系等等。为了使挑高的客厅顶面有视觉焦点，用木梁弯曲成拱形屋架，使空间稳定。除此之外很少有其他无意义的造型，只有各卧室有一些造型，是为了隐藏结构大幅度拆改后出现的短支柱、大梁等建筑构件。

D 设计选材 Materials & Cost Effectiveness

硬装的选材也比较简单，主要是仿古砖、质感漆、文化石等，都是便宜且防潮的材料（仙女山上湿度较大）。软装是考虑更多的部分，我们想要在多种因素（度假、坚毅阳刚的企业精神、欧式建筑外观、当地地域特征等）及其影响中，找到一个平衡点，同时体现出轻松、粗犷、清新自然、品位，还要受制于极低的预算。我们选择的都是带有轻 loft 风格的产品，钢铁、做旧木材、仿石材、铆钉皮革等粗犷厚重的材质成为主流，但同时又要考虑到其他或柔软温暖或通透轻盈的材质与之搭配，使空间感觉不至于太单一。

E 使用效果 Fidelity to Client

业主很满意。

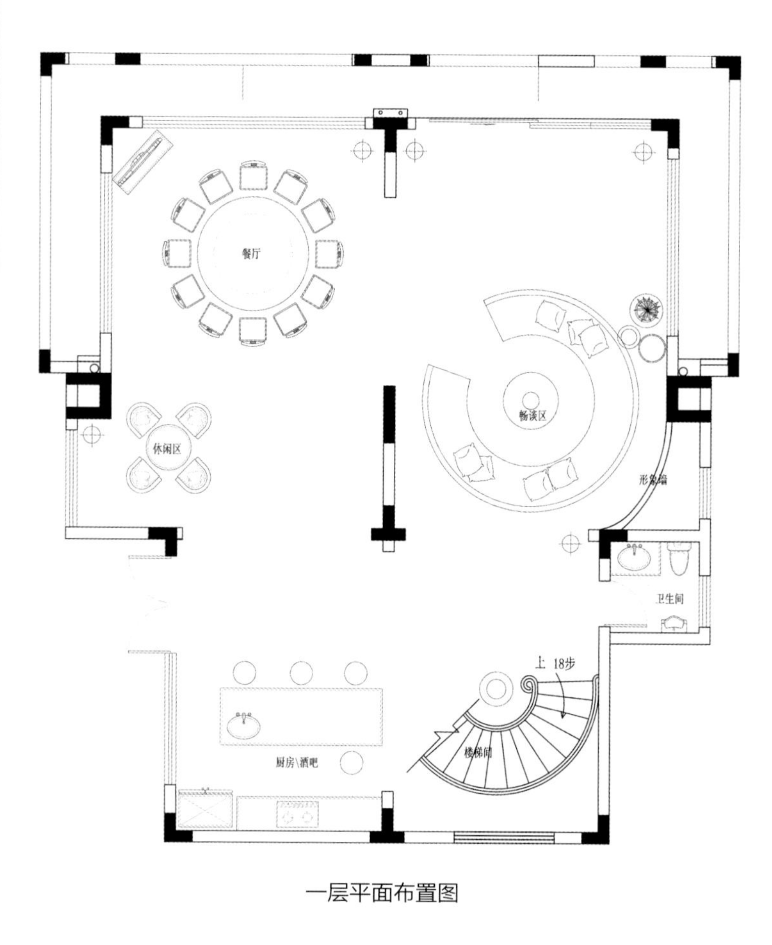

一层平面布置图

英伦水岸 2 号别墅
ENGLAND WATERFRONT VILLA 2

项目名称 _ *英伦水岸 2 号别墅* / **主案设计** _ *葛晓彪* / **项目地点** _ *浙江省宁波市* / **项目面积** _ *580 平方米* / **投资金额** _ *510 万元*

A 项目定位 Design Proposition
黑格尔说“想象是一种杰出的本领。”正如跨界设计师葛晓彪，对于设计始终执着于原创的个性，以打造时尚、经典、高雅的设计思路来“品读”别墅。

B 环境风格 Creativity & Aesthetics
这幢英伦格调的别墅，以经典潮流又带点轻奢华的品质来表达。在设计制作中奉行环保节能要求，将很多原生态的材料和智能系统融入其中。

C 空间布局 Space Planning
精美的门扉，将原本平淡的墙体无限地拉向远方，仿佛既在门里又在门外；客厅的背景以英国诗人拜伦勋爵的爱情诗歌作主题，通过精巧的木刻制作，呈现出犹如翻阅的书籍般立体效果，格外别出心裁；而二楼东边的卧室以紫色作为主色调，显得高雅性感，呈现了浪漫的造梦空间；西边的廊道以大面积藏蓝色饰面碰撞玫红色的壁柜，强烈的对比效果让人兴奋；深色调的休闲厅显得那么安静，当你坐在白色的沙发，喝上一杯咖啡，看看窗外的美景，会产生无限的遐想……

D 设计选材 Materials & Cost Effectiveness
他对每一处空间，每一个创作，每一丝微小细节都没有放过。好多的家具和道具都是设计师亲手设计与制作，是那么的独一无二，身处其中细细品味，仿佛置身在异国世界，讲述了一种别样的精致生活。

E 使用效果 Fidelity to Client
他的每一处空间，每一个创作，每一丝微小细节都没有放过。好多的家具和道具都是设计师亲手设计与制作，是那么的独一无二，身处其中细细品味，仿佛置身在异国世界，讲述了一种别样的精致生活。

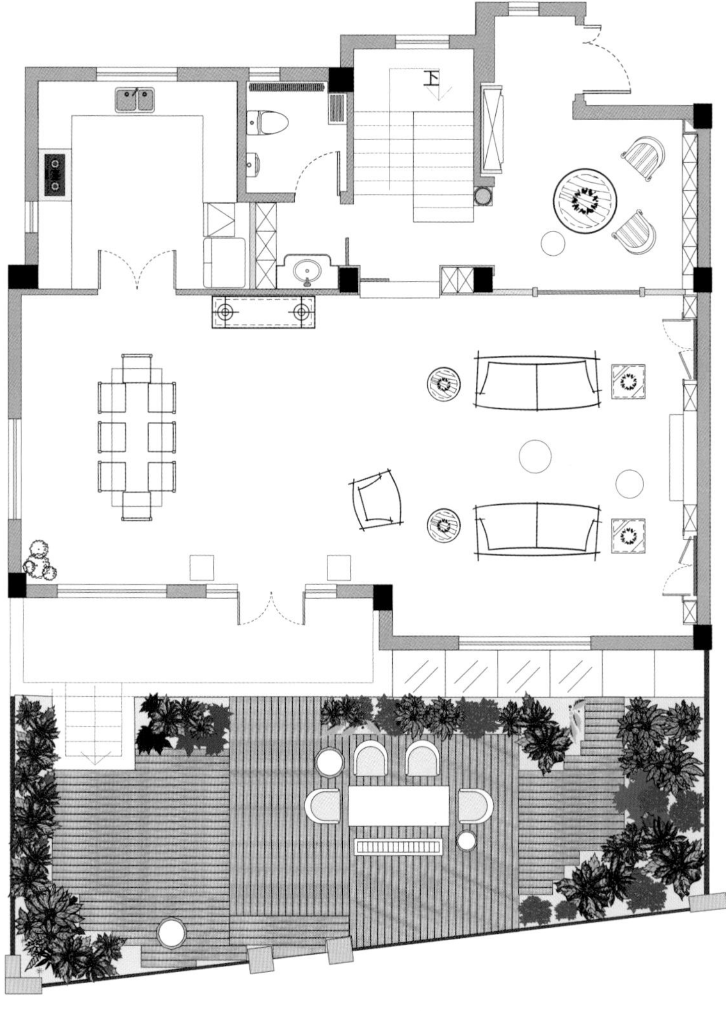

一层平面布置图

JING YUAN

A+
GIFTS FOR
HIM
HER

虹梅 21
HONGMEI 21

项目名称 _ 虹梅 21 / 主案设计 _ 孙建亚 / 项目地点 _ 上海市闵行区 / 项目面积 _420 平方米 / 投资金额 _700 万元 / 主要材料 _ 爵士白大理石等

A 项目定位 Design Proposition

这是一个老别墅改造项目，整体设计包含了建筑外立面改建部分。这样一种从外观一直延伸至室内的整体设计方案，正是设计师最期待的。

B 环境风格 Creativity & Aesthetics

从户外景观、建筑，一直到室内，极简的精神必须一气呵成，没有间断及多余的装饰。外墙窗户成为设计过程中非常重要的一环，所以尽可能地扩大窗户的范围，并且避免出现一切多余的框线，把所有外墙窗框预埋隐藏在建筑框架内，达到室内外没有界限。

C 空间布局 Space Planning

本案业主背景为境外时尚广告创意人，业主崇尚极简主义。一栋有着二十年屋龄的坡屋顶别墅，要改造设计成极简的建筑风格，是对设计师极大的挑战。设计师对建筑及外立面进行了较大的修改，把原有的斜屋顶拉平，并且把外凸的屋檐改建为结构感很强的外挑，并以方盒为基础的设计理念，重新分割成功能性较强的露台或雨篷，既增强了建筑的设计感，又增大了空间的实用性。总结而言，设计师通过对原有建筑结构的分析、剖切、取舍、重组，最终以达到满足业主的极简主义需求。

D 设计选材 Materials & Cost Effectiveness

在室内部分，设计师剔除了一切多余的元素及颜色，利用墙面的分割达成空间的使用机能。不同角度倾斜的爵士白大理石拼接，成为空间的主角，同时，它作为突出家具空间的背景，又不会过于张扬。成功地精致化了材料细节，但又不会过分地分散空间注意力，从而让视觉均匀地停留在整个空间内。室内多处利用了建筑的手法，客厅电视墙利用吊顶灯沟形成的间接光，延伸至墙面开槽通往户外，独立了左侧电视墙的块体。在右侧，设计师利用了黑色不锈钢书架成功地分割挑空区与电视墙的界面。屋内所有房间均未使用门框，仅利用墙面的分割来完成并隐藏功能性较强的门片，楼梯间的光线设计成内嵌在墙面，大小不一的气泡，有种拾级而上的互动，并与外立面协调一致。

E 使用效果 Fidelity to Client

整体设计秉持了国内少有的极简主义风格，简化了因功能而装饰的多余造型，材质及线条，但为了避免太过直白而带来的空洞，与其摒弃所有，不如给焦点添加一点细节及贯穿空间的特征，让设计更具有感染力。

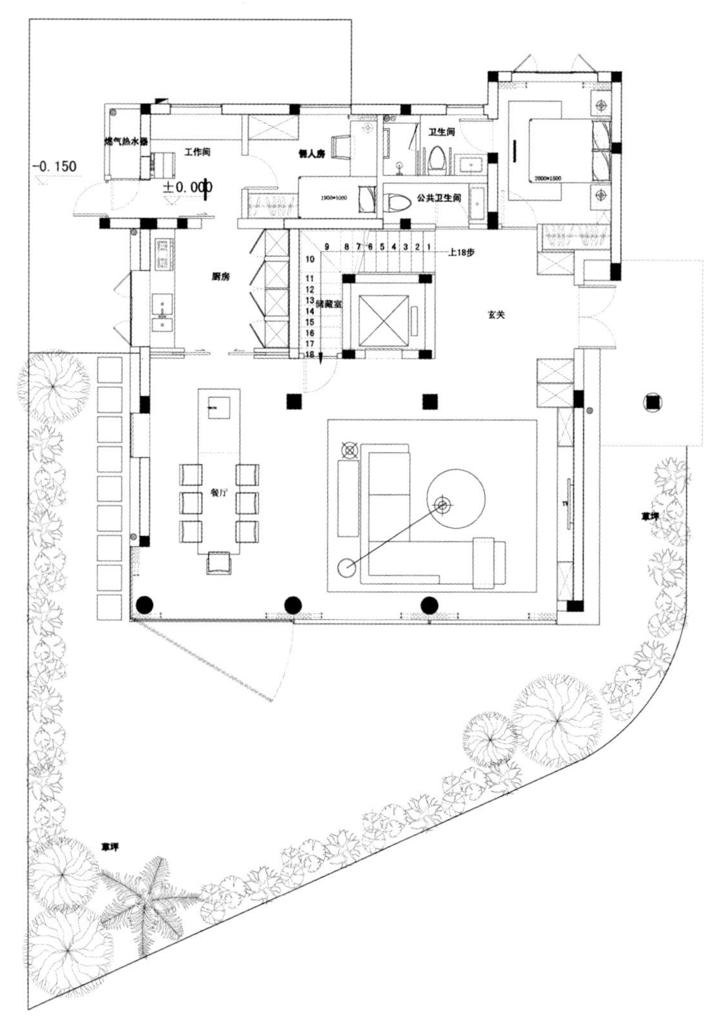
燃气热水器
工作间
佣人房
卫生间
-0.150
±0.000
1900*1000
公共卫生间
2000*1500
9 8 7 6 5 4 3 2 1
上18步
10
厨房
11
12
13
储藏室
14
15
16
17
18
玄关
餐厅
草坪
草坪

方寸间的皱褶

IMAQINATION WITHIN INCHES

项目名称_方寸间的皱褶 / **主案设计**_邵唯晏 / **项目地点**_台湾桃园县 / **项目面积**_1100平方米 / **投资金额**_300万元 / **主要材料**_KD、金属烤漆、木格栅等

A 项目定位 Design Proposition

整体的设计理念承载了业主对于美学的独到喜好和企业识别。布料是一种演艺性很高，充满生命力的材质，透过不同的外力会产生出皱折，进而生成有机的肌理形变，方寸间演译出无限的可能。

B 环境风格 Creativity & Aesthetics

我们透过有机、非线性、抽象的写意风格，创造了具有动感韵律、似地景、似装置、似墙体、似软装陈设的空间对象群，进而转译编织成一种超现实的诗意空间。因而我们在空间中的许多角落都置入了这样展演性高的"空间对象"，散布在整栋建筑空间中，打破空间的主从关系，即使在最不重要的顶楼楼梯间角落，一样会会觅寻到惊喜，生活的趣味就应该散布于整体的空间，透过单点对象的置放，串连后让空间充斥着叙事性的风格。

C 空间布局 Space Planning

电视墙经过大量的讨论，业主为了艺术同意牺牲了二楼地板的面积，我们打开了二楼的楼板，创造出一个挑高八米的开放公共空间。在空间中置入了一个大尺度的空间对象(object)，每天夕阳的余光透过云隙洒落在这块"布料"上，和皱褶肌理上演了一场光影秀，像是在叙说着许多的故事，映射感染了整个空间。然而，除了结合电视墙的机能外，也企图藉此空间装置述说着空间场域的精神，同时也承载了业主自身专业领域的企业隐喻。

D 设计选材 Materials & Cost Effectiveness

沙发位于一楼的会客室的座椅设计也是量身订作，是一座充满动感有力度的曲面皱褶，在蜿蜒细碎的皱褶中找寻东方书法的柔情姿态，在沉静的会客室空间中恣意展现姿态，同时也加入了书法抛筋露骨、柔中带刚的线条，在具备了西方抽象艺术的现代表现基础上，也充满东方书法线条的动态语汇，期望使用者在空间中凝神静思之时，品尝这交替运行所形成具有律动美的造型艺术。

E 使用效果 Fidelity to Client

使用效果非常好。

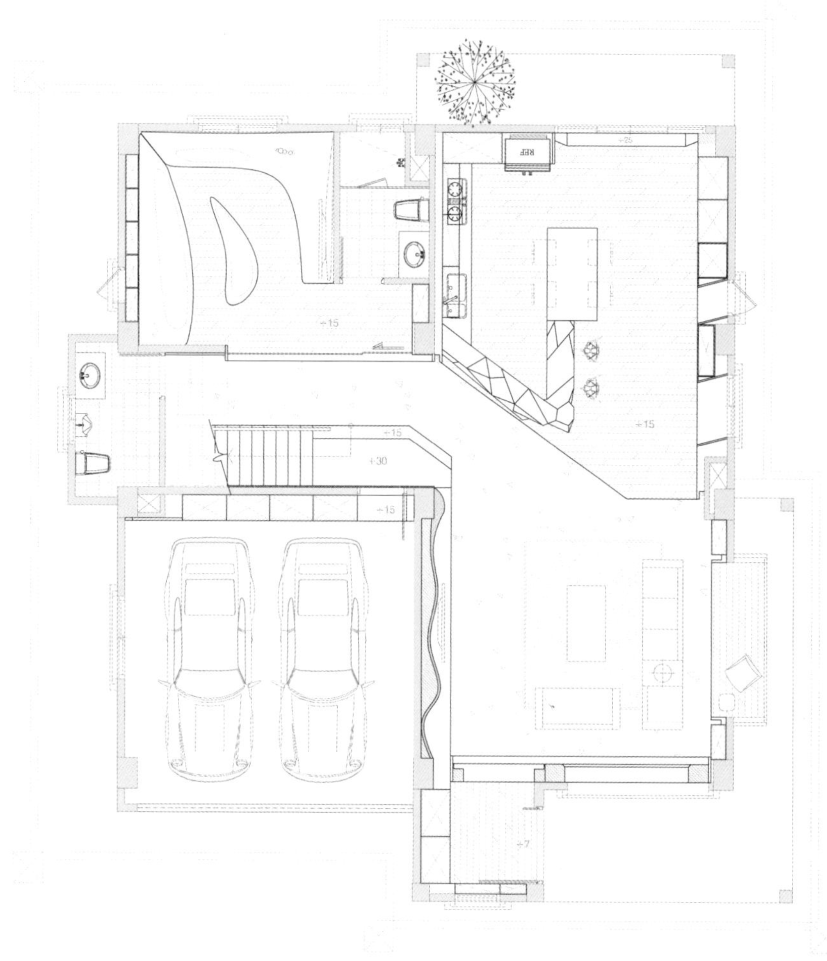

木石·双重奏
DUO WOOD AND STONE

项目名称_木石·双重奏/**主案设计**_吴金凤/**参与设计**_范志圣/**项目地点**_台湾省桃园县/**项目面积**_180平方米/**投资金额**_100万元/**主要材料**_木、石类等

A 项目定位 Design Proposition
流畅动线、简洁清透的介质处理，以及低调但不附和一时流行的优质素材搭配，完成居室必要的洗炼风格和机能定义，同时借由内外不受限的光景呼应。赋予空间稳定、精致、的包容力，特别是放眼所见垂直与水平线条间，灵活交织的力与美，精心勾勒和谐比例，重现细腻无比的现代工艺！

B 环境风格 Creativity & Aesthetics
化繁为简，维持居宅的恒定色温，让使用者一回家就能感受纾压、疗愈的舒适氛围。

C 空间布局 Space Planning
整体规划上善用复层楼面特色，逐一安排主题鲜明的生活、娱乐机能。一楼前段为宽敞车库，后段规划雅致的起居厅，二楼则是视野开放、通透的客、餐厅。

D 设计选材 Materials & Cost Effectiveness
大量使用木、石类素材整合全宅色温，为空间凝聚浓郁的休闲自然感，也施展精湛的现代工艺，勾勒生动的景深层次与细节美感柜台与洽谈区，专用及隐密区域以木皮墙面收束在后。

E 使用效果 Fidelity to Client
全案软硬件的搭配，服膺洗炼、人文为上的时尚美学，强调立面与介质一致细致、简约的线条架构，以及散见于空间各处的工艺精华，精致地洗潋感官。

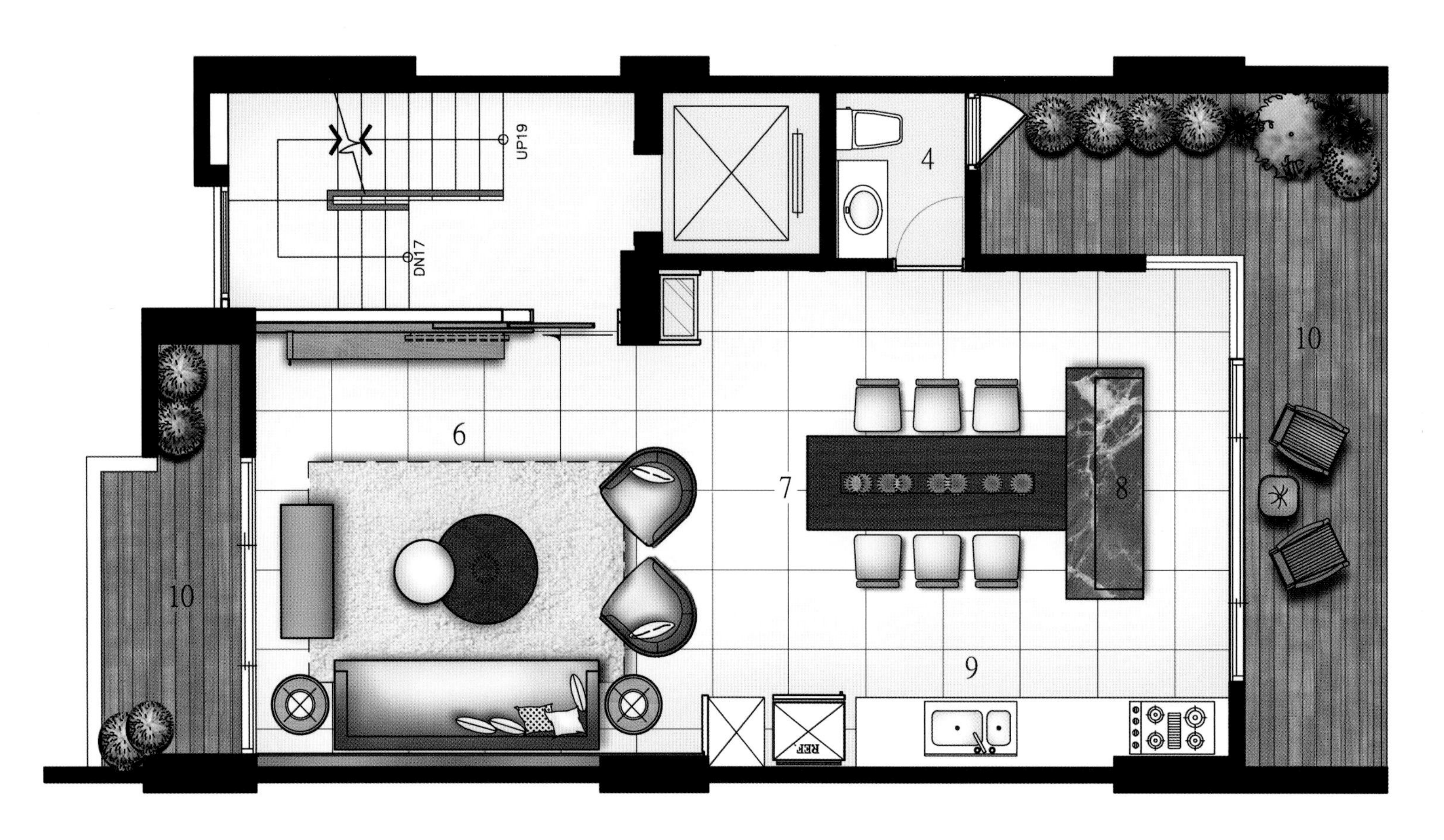
UP19
DN17
4
10
6
7
8
10
9
REF

金水湾别墅·减法自然

JINSHUI BAV VILLA - SUBTRACTION NATURE

项目名称＿金水湾别墅·减法自然 / **主案设计**＿尼克 / **项目地点**＿江苏省苏州县 / **项目面积**＿450 平方米 / **投资金额**＿300 万元 / **主要材料**＿铁板、木材、原石等

A 项目定位 Design Proposition

本案是一个私人别墅设计改造项目。坐落于苏州金鸡湖畔，有着得天独厚的优越地理条件，藏匿于幽静的湖水之中，坐拥山湖美景。这纯美的景致也触动了设计师的神经，成为本案灵感的源泉——“人与自然的和谐，赋予室内自然而有质感的生命”，为身处此空间的人创造一种“绚烂而平淡”的生活方式。

B 环境风格 Creativity & Aesthetics

在空间的处理上，我们尽量做到使其通透，创造视线延伸的最大化，连接室内外景致。带动居住者的感官情绪，打开视觉、听觉，让居住者用全身心去感受空间、气味、质地、形状和色彩。而每层精简后的会客空间，都根据其功能赋予它最契合的主题。

C 空间布局 Space Planning

我们适当地消解建筑室内和室外的强烈分割感，创造灰空间和庭院，在这样的流动空间的周围，房子不再是一个个孤立静置的容器，而是在同一个有机建筑体里担当一个个可呼吸的角色。

D 设计选材 Materials & Cost Effectiveness

选材上面充分利用环保材料以及价格相对低廉常用材质让铁板的锈迹、木材的痕迹、原石的苍凉去诉说生活的时光。

E 使用效果 Fidelity to Client

人们往往依赖知觉、想象，而往往忽略了事物的本真。而空间却只能在时间线中体验，当人在室内外穿行和生活，就像音乐开始播放，起承转合、轻重缓急、朝暮晨昏、四季变换……能历经光线和时间考验的，才是真正美而实用的“家”。

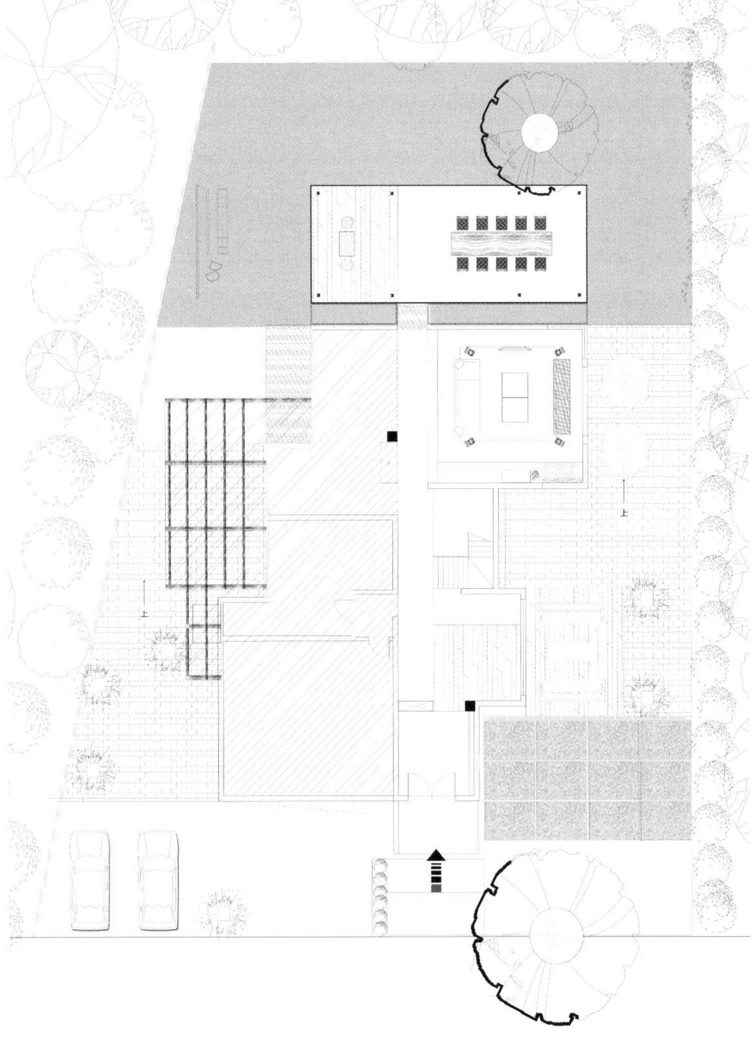

丽宫别墅 240 号
SHADOW CREEK VILLA 240

项目名称 _ *丽宫别墅 240 号* / **主案设计** _ *邹子琪* / **参与设计** _ *梁锦驹* / **项目地点** _ *北京市朝阳区* / **项目面积** _ *1020 平方米* / **投资金额** _ *1421 万元* / **主要材料** _ *木、石类等*

A 项目定位 Design Proposition

丽宫别墅位于首都国际机场高速公路沿线的低密度别墅豪宅区，为区内著名新生代顶尖豪宅别墅，别墅建筑以典雅和格调堂皇的欧陆风格设计，面积约 880 平方米，楼高四层。设计师以现代时尚的概念，锐意为年青贵族的户主体验非凡气派的舒适居住空间。

B 环境风格 Creativity & Aesthetics

屋主与生俱来的品味触觉，喜爱追求法国高尚的时尚、奢华风格，对于时尚生活也有其独特的见解。别墅随着屋主的表里一致的性格，呈献法式生活中富奢华、多层次的时尚品味。以“法国时尚”为设计蓝本的家居，现代时尚设计风格为基调，加入工艺精湛、颇具质感的色调材质，营造出时尚、有品味、独特奢华的时代典雅法式风格

C 空间布局 Space Planning

玄关入口开始，玄关面向特色室内阳台，利用特色花格拼花加上精细大理石拼花图案地台，营造出一个豪华而立体的空间，还有极富气派的大型旋转梯及精细的立体主题墙。主题墙上香槟金属花格、全屋以米白、白色为主调，加上香槟金色材质作点缀，融入了现代气息及空间美感，巧妙地带出奢华而温馨的感觉。餐厅设计方向与整体一致，香槟金色立体金属花格特色墙身、拼花图案与起居室主题墙互相呼应，巧妙地将空间串连展开。

D 设计选材 Materials & Cost Effectiveness

整体设计优雅细腻，充满时尚气派及充满屋主的个性，精致的饰材及物料配搭下，能充分突显“法国时尚”的风格。主卧室以一贯米白色皮革及特色玻璃墙为焦点，配合木色地台，再加上活动地毯、温馨同时亦不失优雅气质，以大型独立衣帽间衬托出法国与时尚不可或缺之特质。卫生间采用具话题性 Maier 品牌之龙头作点缀，优雅曲线设计加上了 Swarovski 水晶注入更多高贵元素，更添品味奢华的格调。

E 使用效果 Fidelity to Client

很满意。

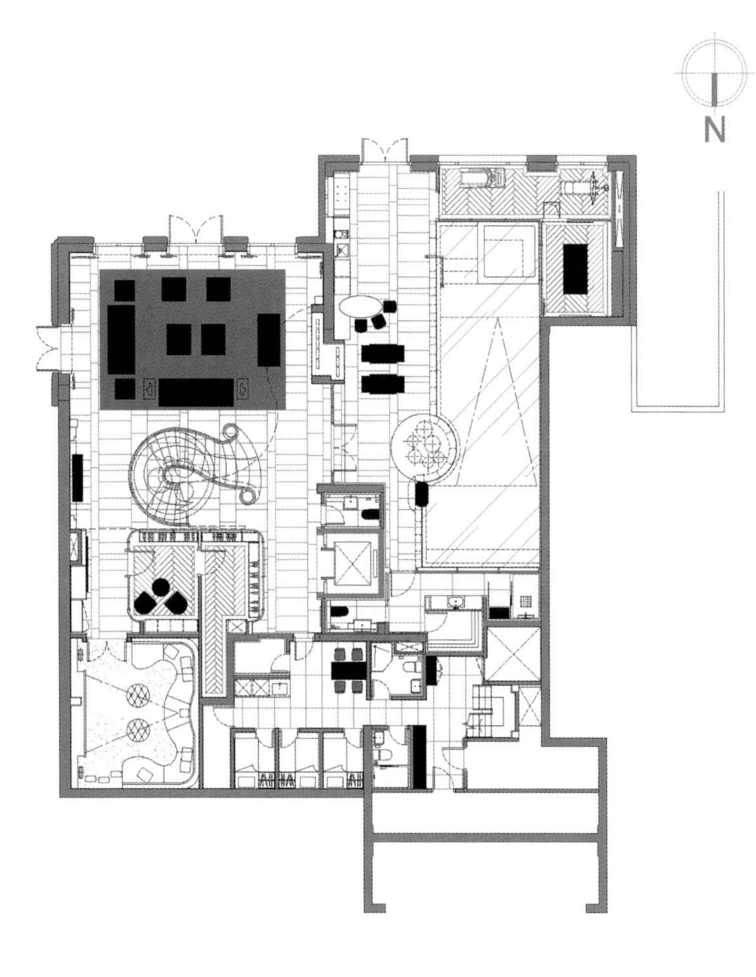
N

THE LEADING HOTELS
OF THE WORLD
Club & Entertainment Space
Club & Entertainment Space
SHOOT TO WIN

项目名称 _ *八塊瓦居* / **主案设计** _ *凌志谟* / **项目地点** _ *台湾桃园县* / **项目面积** _ *400 平方米* / **投资金额** _ *600 万元* / **主要材料** _ *大理石、磁砖、木料等*

A 项目定位 Design Proposition

这是一个以台湾庶民文化为背景的设计概念，常民性的设计语汇及人文元素充分表现出台湾农村时代的草根文化。

B 环境风格 Creativity & Aesthetics

将居住者的记忆想念加以延伸，经过意念的转化让私人住宅空间能够达到记忆的延续与传承。设计手法以表现生活本质为背景，力求生活的原始价值，人文记忆可以带给空间喜悦的演译，新旧对比的融合更让空间赋有生活禅意。像是凝聚了时间的长轴，让空间有了人的记忆。

C 空间布局 Space Planning

灵活的起居空间与卧室空间重置与迭置手法，共显空间灵活性，处处都是幸福的可能。生活在这里自然产生。

D 设计选材 Materials & Cost Effectiveness

大理石、磁砖、木料，尽量灰色系为主表现质朴风格。

E 使用效果 Fidelity to Client

这是一个以台湾平民文化为背景的设计概念，平民的设计语汇及人文元素充分表现出农村时代的草根文化。将居住者的记忆想念加以延伸，设计手法以表现生活本质为背景，力求生活的原始价值，人文记忆可以带给空间喜悦的演译， 运用现代手法新旧的融合更让空间赋予生活的禅意。像是凝聚了时间的长轴，让空间有了人的记忆。

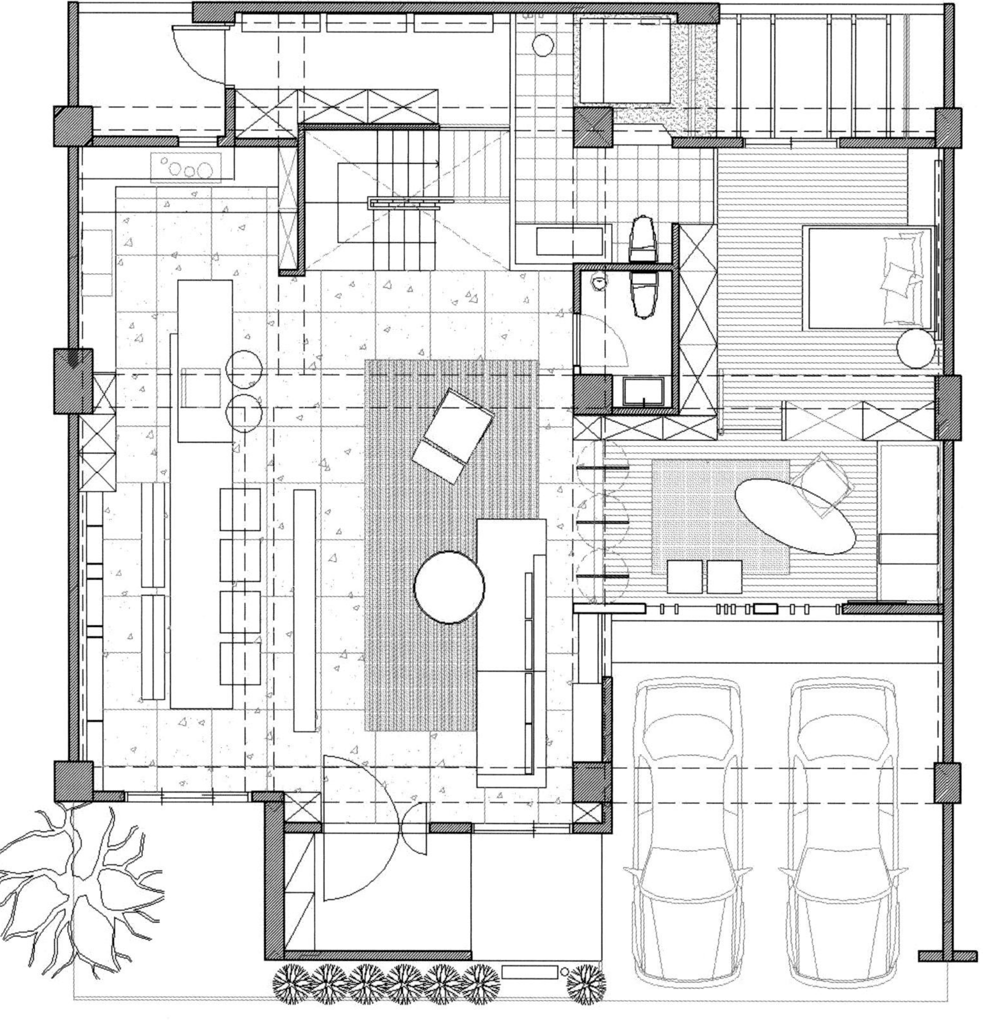

Leisure & entertainment
休闲娱乐空间

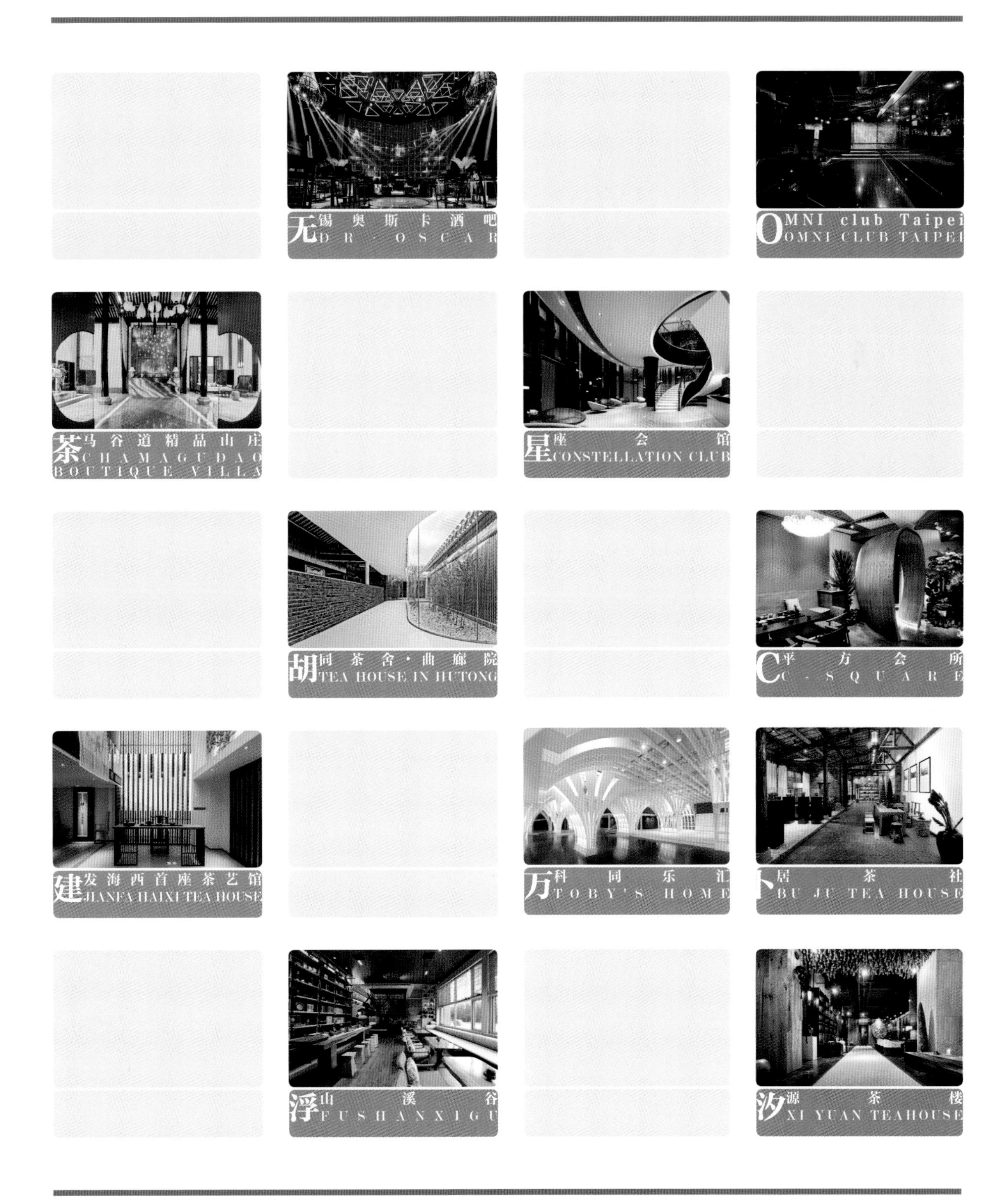

无锡奥斯卡酒吧
DR·OSCAR

项目名称 _无锡奥斯卡酒吧 / **主案设计** _陈武 / **项目地点** _江苏省无锡市 / **项目面积** _5000 平方米 / **投资金额** _5000 万元 / **主要材料** _欧式灯具、帘幕布艺、钢、大理石、水泥漆等

A 项目定位 Design Proposition

全球首家剧院式夜店 Dr•Oscar，由新冶组设计联手诺莱仕集团倾力打造。独创剧院式酒吧，演绎 5000 平方米超视觉空间。高科技的声光电控制和别具匠心的舞台创意设计，带来颠覆性的都市夜生活体验。

B 环境风格 Creativity & Aesthetics

Dr•Oscar 是设计师团队首次对剧院灵感夜店的延展，把剧院形式运用到酒吧空间设计之中，将酒吧空间格局与剧院装饰元素结合碰撞出全新的面貌，赋予夜店空间以剧场般恢弘的气势。为单一乏味的夜生活方式注入多元的文化娱乐与审美情趣，满足人们对夜生活无限美好的憧憬。

C 空间布局 Space Planning

在大厅布局中，设计师大胆废除惯常设计套路，以夸张的风格和色彩鲜艳的美学取向，赋予美以戏剧感，突破传统玩店模式。科技的发展为人们的娱乐方式带来越来越多的选择，也为娱乐空间设计带来更多可能性。“三维舞台”的设置，颠覆常规三维灯阵概念，200 平方米的 3D 全息投影，实体与虚拟跨空间呈现，带来剧院式的震撼演绎。

D 设计选材 Materials & Cost Effectiveness

材质与色彩的强烈反差是“Dr•Oscar”设计中的一大亮点。包房与走廊空间以黑白灰色系为基调，局部出现跳跃的色彩来活跃空间氛围，视觉上造成强烈的冲击。而公共空间的陈设色调则以典雅的金色和红色为主。精致的欧式灯具与巨型帘幕布艺，协调钢结构的冰冷硬朗，带来温暖而尊贵的体验。古雅的大理石地面与做旧水泥漆墙面，以材料差异制造质感反差，原始肌理展现时尚品味。

E 使用效果 Fidelity to Client

“Dr•Oscar”是品味与创造力的巧妙嫁接，以挑战极限玩乐为理念，在有限的空间将娱乐体验最大限度地进行放大，一张一弛之间将酒吧设计带入崭新的维度。

1 2 3 4 5

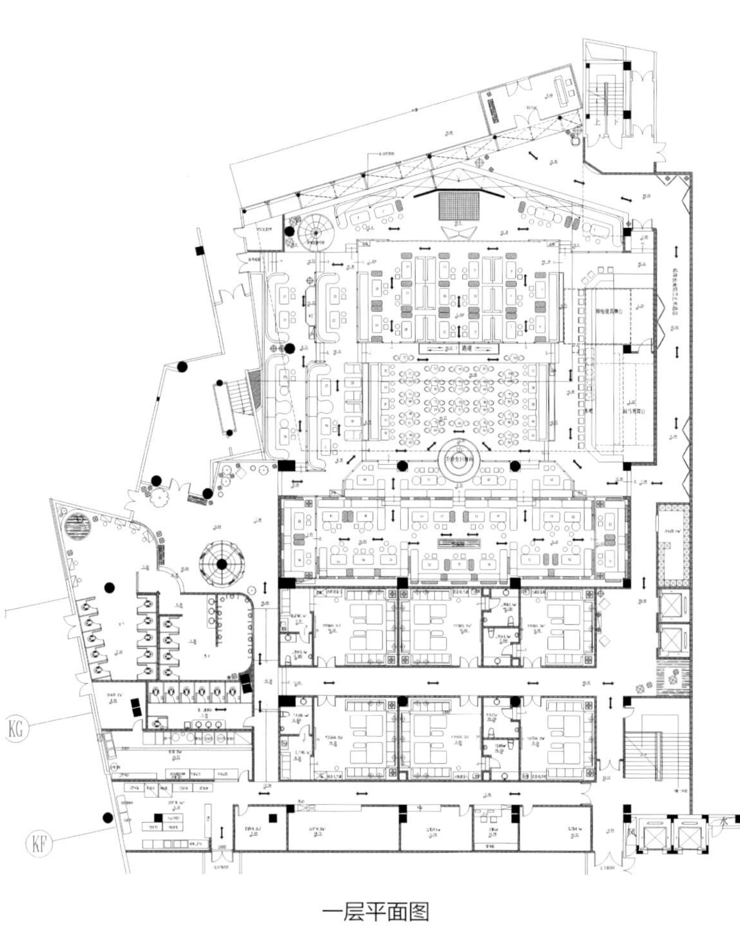

一层平面图

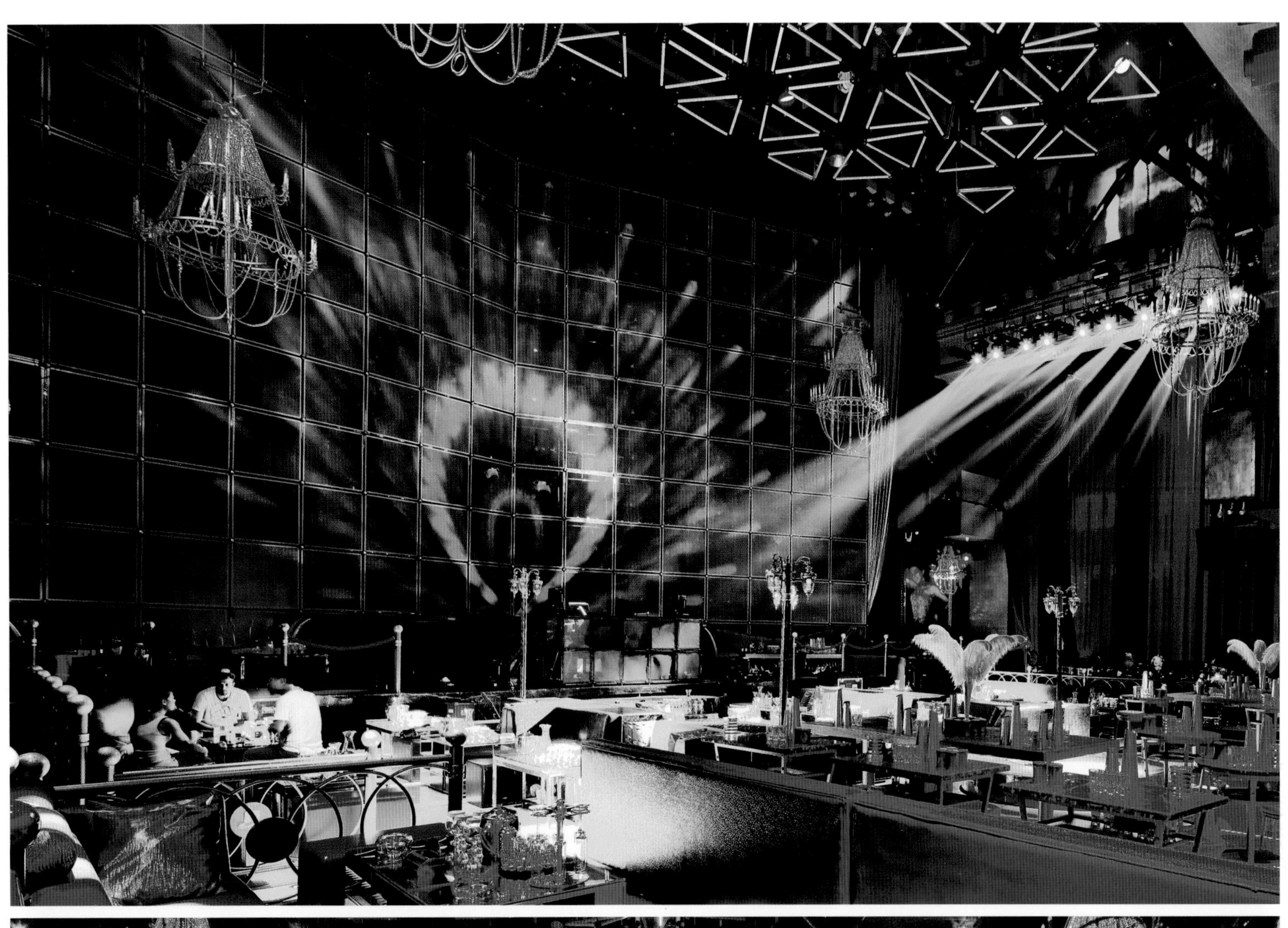

OMNI club Taipei

OMNI CLUB TAIPEI

项目名称 _OMNI club Taipei / **主案设计** _ 张祥镐 / **参与设计** _the LOOP Inc. / **项目地点** _ 台湾台北市 / **项目面积** _2500 平方米 / **投资金额** _2000 万元 / **主要材料** _ 旧砖、旧木、纯棉布织品等

A 项目定位 Design Proposition

OMNI，区区四个字母，却涵盖了天地四方魅力，包罗万象。OMNI 一字源于拉丁文，有万象、全能之意，无非是认为唯有这个字能将这个场所包罗万象、无奇不有的魔力表现出来。

B 环境风格 Creativity & Aesthetics

每一个点光源都敲击着你，彷佛他们是刚从银河生命源头里诞生出来。“光”是人类生存必要因子，是种以恒久的规范穿梭在空间的空与实、疏与密、近与远的安置，是光线流窜与实体间相互运转，在心中、也在画面，囊中有物，物中有光，如处在大千世界，相融相知。

C 空间布局 Space Planning

创意，无懈可击。有趣的是，OMNI 一字的意思还不仅此而已；它还是个字根。就如同一块海绵，跟不同的字义结合起来，更能相互激荡出琳琅满目的惊喜。OMNI 好比一座宝库，在智者眼中它便是无所不知的、在能人面前它则是无所不能的；一但包容了天地万物，它更是无奇不有、无所不在的。藉由 OMNI 以层出不穷的创意，彻底实现“万象包罗”的魔幻意象。

D 设计选材 Materials & Cost Effectiveness

精彩，无所不在。除了目炫神迷撼动人心的视觉效果之外，声音更是 OMNI 刁钻苛求至死方休的细节。OMNI 领先全球采用了风靡派对圣地 Ibiza 各大俱乐部，令业界趋之若鹜的 VOID Acoustics 音响系统顶级旗舰 Incubus 系列。VOID 系统的设计规格宛如超级跑车，坚持纯手工打造自然不在话下，钢琴烤漆处理下的烈焰红更是让她在放声前就获得满室目光。

E 使用效果 Fidelity to Client

【台北夜生活新势力 OMNI】2015/05/20 是台北新夜店 OMNI 的开幕。LUXY 原址改装并融入更高规格的元素，已经接轨国际成为亚洲时尚夜生活指标。您一定要实际走访，体验一下 OMNI 所带来的视听飨宴。

OMNI
NIGHTCLUB

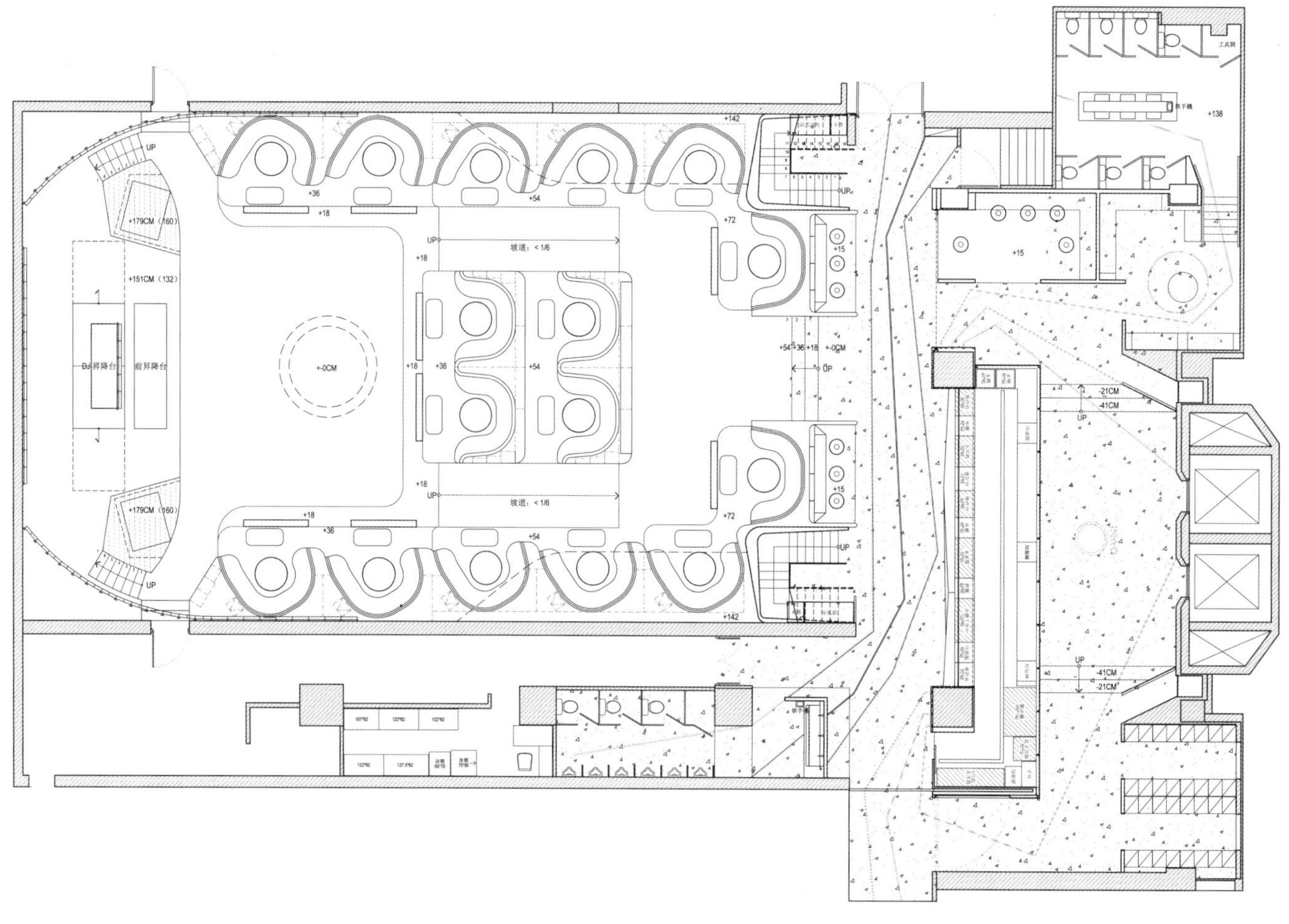

平面图

OMNI

茶马谷道精品山庄
CHAMAGUDAO BOUTIQUE VILLA

项目名称 _ *茶马谷道精品山庄* / **主案设计** _ *李财赋* / **参与设计** _ *赵铁武、胡荣海、郑禓君* / **项目地点** _ *浙江省宁波市* / **项目面积** _*800 平方米* / **投资金额** _*350 万元* / **主要材料** _ *画等*

A 项目定位 Design Proposition

业主择业于此，出于他的田园情结，包括厂房及周边拿下了 300 亩山林，没确切地定位到底是做什么，隐约中就是觉得应该有个地方，有山、有水、有田、有饭吃、有茶喝……我听之。总结之，这就是当下所说的“回归”吗？回到一种自然的生活方式“农夫山泉有点甜”。

B 环境风格 Creativity & Aesthetics

东吴镇有一句宣传语叫“禅意天童，醉美东吴”。这句话让我联想到古人饮酒赋诗的雅景，这种文雅的、健康的生活方式是可以引导的。一种诗意的空间、禅意的氛围、静思的状态在我脑海里浮现！

C 空间布局 Space Planning

因为是改造项目，所以有所局限，但也正是因为这平面局限，才会感叹设计的不平凡，改建最大的原则就是因地制宜，保留一些岁月的印记。其次是解决动线问题，原通道的狭小，采光差导致的一些问题，把过道九十公分高的窗改为落地窗，向外凸出，又把外景引入，又通过打开的方式让过道更有节奏感，也让过道有了另一种意境，大堂入口进行移位与改建，放在庭院入口处，移的目的是增长浏览路线，让人在移动中通过通道与窗户的转达感受光影、室外风景的变化，大堂的设计更多结合休闲书吧的概念，让空间具有文人气质，休闲区后的窗户整体落地打开，可以开门见景，内景与外景的结合使人更加陶醉。主背景的字体是“茶马谷道”几个字的分解，就似乎有人在微醉的状态下不经意打碎了酒落于此，增添了几份诗意。

D 设计选材 Materials & Cost Effectiveness

选材考虑本土化，环保，节能。整体空间采用减法形式，用生态观的手法去营造，大量留白是让人静思，联想。空间最大的装饰就是陈家冷先生的画，色彩、意境、人文，与此情此景真是稳稳的相融。

E 使用效果 Fidelity to Client

运营成为当地的一个亮点，也被当地政府作为生态改造的样板，而且政府也把项目周边的 200 多亩土地作为配套指标，二期考虑民宿项目，成为一个示范项目。而且还争取到一些补助资金！

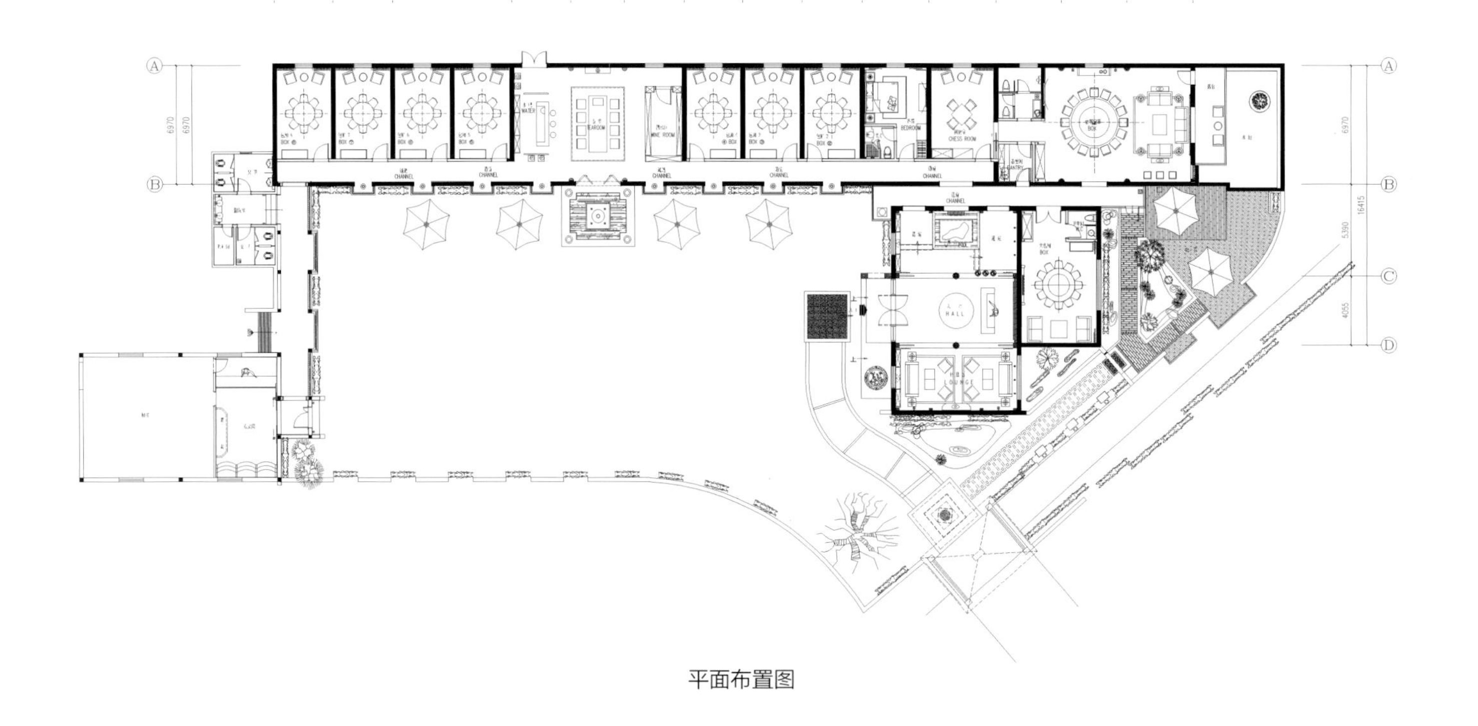

平面布置图

星座会馆
CONSTELLATION CLUB

项目名称 _ *星座会馆* / **主案设计** _ *梁锦驹* / **参与设计** _ *许学盈* / **项目地点** _ *四川省成都市* / **项目面积** _*1650 平方米* / **投资金额** _*2300 万元*

A 项目定位 Design Proposition

成都环球广场中心住宅发展项目天曜，乃成都中心区内指针性的项目。贯切整个项目高品位国际级都会精品酒店概念，设计师精心打造一所空间及视觉比例无缝配合，材质及细部精练，休闲康乐设施齐备的高级会所项目，为项目内的住户提供休闲康乐设施。

B 环境风格 Creativity & Aesthetics

整个住宅发展项目共包括十栋住宅塔楼，建筑布局每栋朝向不一，充分发挥了地块的优势，提供了多面园林景观的创造，配合周边住宅建筑体的现代风格，着重空间与生活环境之交流，提升室内外空间与环景之交错效果，设计师以落地玻璃幕墙通透地将会所大堂与室外环境交融，于日间将自然阳光带进大堂，节能环保；于夜间让室内灯光引到户外，映照池中营造秀丽画面。

C 空间布局 Space Planning

会所建筑体相连第三栋和第四栋塔楼，包括地面和地下一层，两层共 1650 平方米的室内空间；配备宴会厅、休闲区、室内游泳池、健身房、儿童游乐室、阅读室、桥牌室等。会所的主要康乐设施如室内游泳池，健身房位于地面层南翼；北翼的宴会厅内可容立数十人，成为住户举行私人聚餐或大型宴会的理想空间，亦可按需要打开相连户外的玻璃门，在静静的户外休息区内把酒谈天。沿着旋转楼梯随随以下，进入地库，即儿童游乐室、阅读室、桥牌室等配备的所在。

D 设计选材 Materials & Cost Effectiveness

推门甫进，充满现代感的大堂简洁又不失大气，贯通两层的旋转楼梯配合悬垂空中的大型吊灯更成为耀眼的亮点，在镜子幕墙影照后，构成三维视觉的澎拜，展示了室内空间与建筑交错中的糅合，正好为"聚星会馆"点题。南翼的室内游泳池、健身房，设计师以玻璃幕场包围，拉近与周边景观的距离，增添运动时的乐趣；同在地面层，北翼的宴会厅延续内外和互通的特式，覆盖天花的大型水晶挂饰，与两旁的不锈钢装置互相辉影，配合自然柔和的色调及精炼的细部点缀；闪闪生光，气派非凡。

E 使用效果 Fidelity to Client

很好地服务了住户！

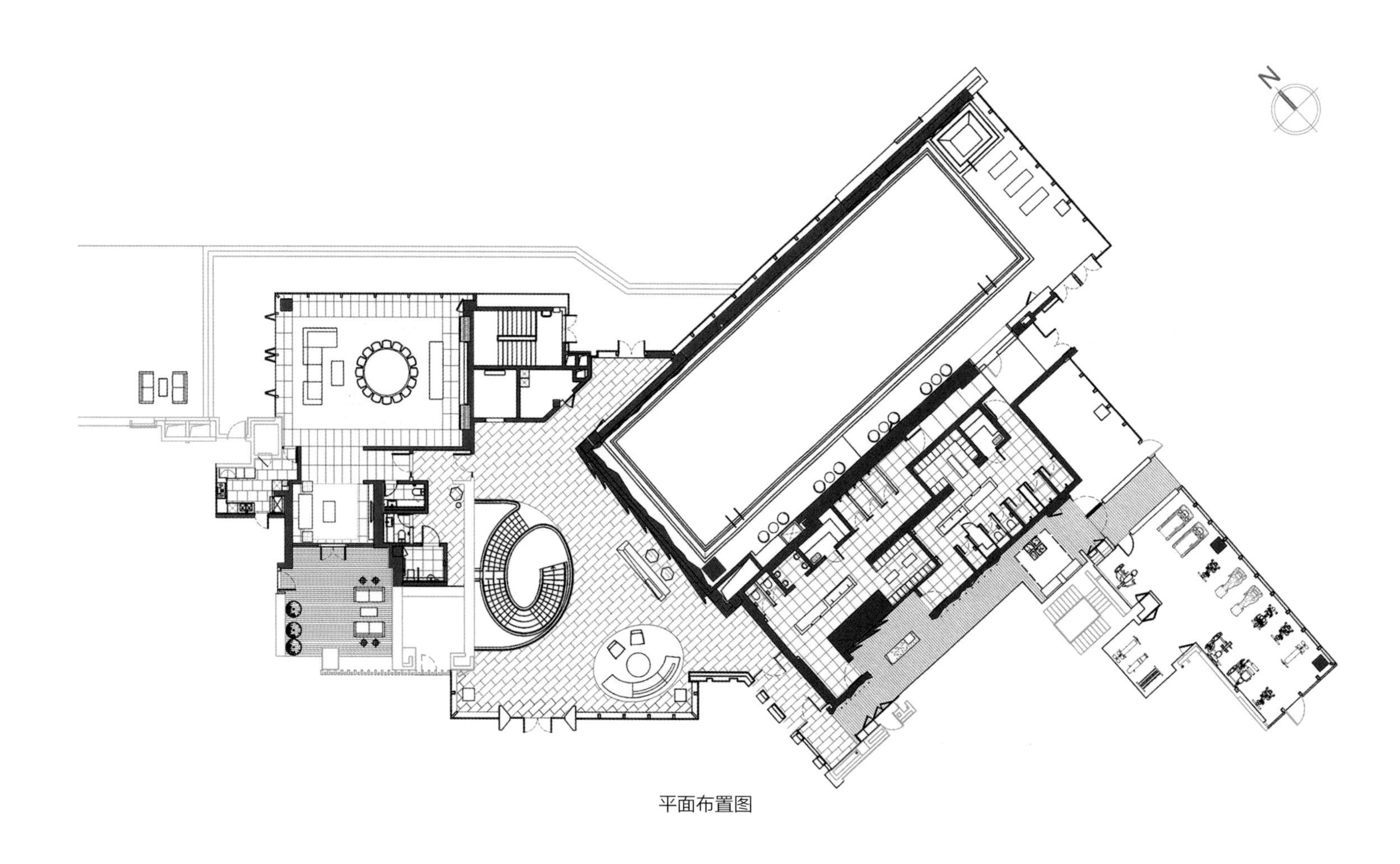

平面布置图

胡同茶舍·曲廊院
TEA HOUSE IN HUTONG

项目名称 _胡同茶舍·曲廊院 / **主案设计** _韩文强 / **参与设计** _丛晓、赵阳 / **项目地点** _北京市东城区 / **项目面积** _450 平方米 / **投资金额** _300 万元 / **主要材料** _青砖、灰瓦、木结构等

A 项目定位 Design Proposition
旧城既包含着丰富的历史记忆，又包含着复杂的现实生活。历史建筑只有在不断地被使用中才能保持活力，而使用方式反过来又不断改变建筑。

B 环境风格 Creativity & Aesthetics
项目位于北京旧城胡同街区内，用地是一个占地面积约 450 平米的“L”型小院。院内包含 5 座旧房子和几处彩钢板的临建。院子原本是某企业会所，后因经营不善而荒废。在搁置了相当一段时间之后，小院现在即将被改造为茶舍，以供人饮茶阅读为主，也可以接待部分散客就餐。

C 空间布局 Space Planning
整理和分析现存旧建筑是设计的开始。北侧正房相对完整，从木结构和灰砖尺寸上判断，应该至少是清代遗存；东西厢房木结构已基本腐坏，用砖墙承重，应该是七八十年代后期改建的；南房木结构是老的，屋顶结构是用旧建筑拆下来的木头后期修缮的，墙面与瓦顶都由前任业主改造过。根据房屋的年代和使用价值，设计采取选择性的修复方式：北房以保持历史原貌为主，仅对破损严重的地方做局部修补，替换残缺的砖块；南房局部翻新，拆除外墙和屋顶装饰，恢复到民居的基本样式；东西厢房翻建，拆除后按照传统建造工艺恢复成木结构坡屋顶建筑；拆除所有临建房，还原院与房的肌理关系。

D 设计选材 Materials & Cost Effectiveness
设计有一部分是翻建的，专门请来河北易县古建施工队，按古法施工的。材料有青砖、灰瓦、木结构。在传统建筑中，廊是一种半内半外的空间形式，它的曲折多变、高低错落，大大增加了游园的乐趣。犹如树枝分岔的曲廊从室外伸展到旧建筑内部，模糊了院与房的边界，改变院子呆板狭窄的印象。轻盈、透明、纯白的廊空间与厚重、沧桑、灰暗的旧建筑形成气质上的反差，新的更新、老的更老，拉开时间上的层叠，新与旧相互产生对话。曲廊在原有院子中划分了三个错落的弧形小院，使每一个茶室有独立的室外景致，在公共和私密之间产生过渡。

E 使用效果 Fidelity to Client
小院被改造为茶舍，以供人饮茶阅读为主，也可以接待部分散客就餐。就餐方面主要是“自助厨房”：一桌好友可以自己做饭自己品尝，茶舍提供食材选购、配厨等其他服务，这种模式相当于出租厨房，提供场地和服务。目前正在试运营当中。

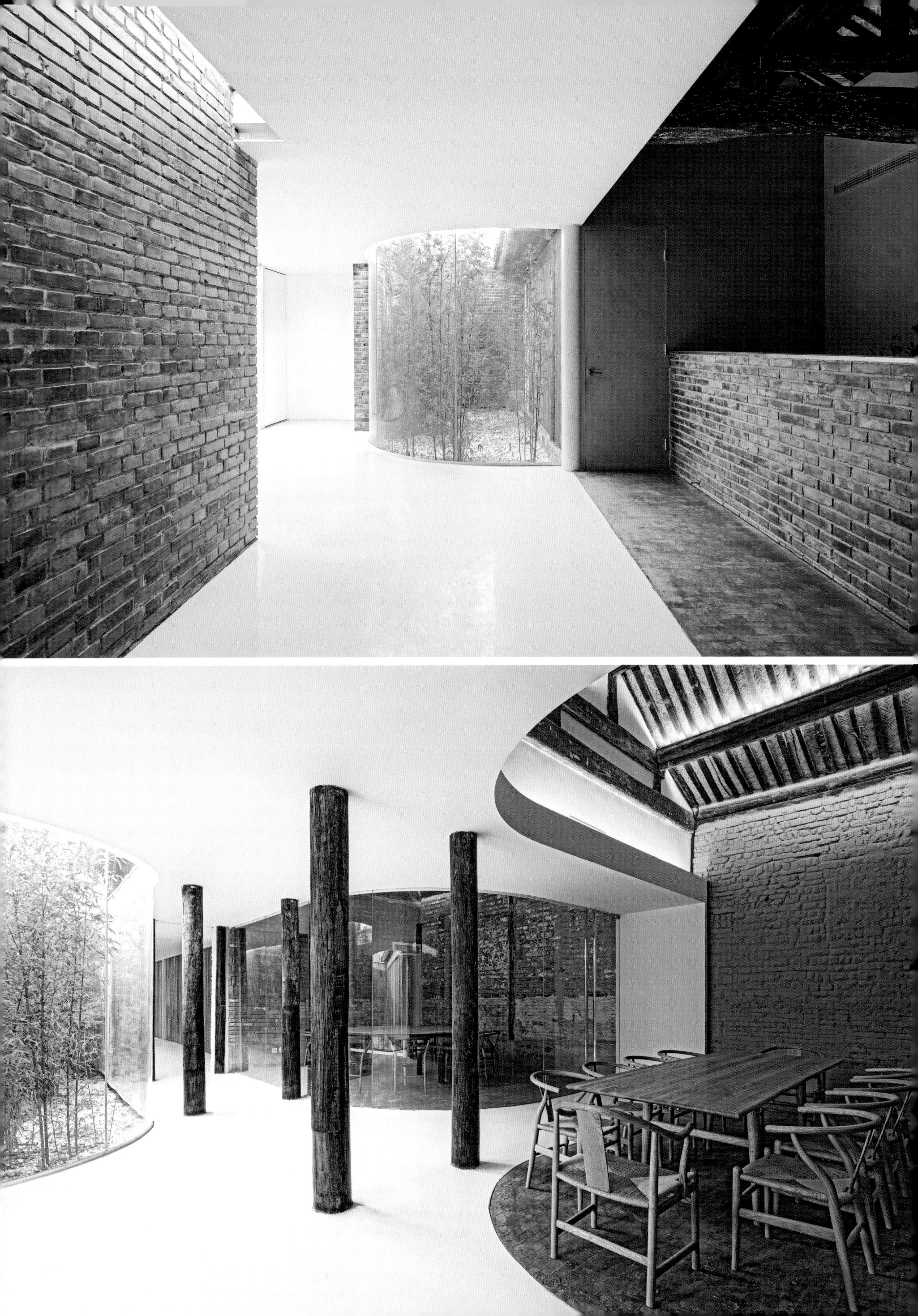

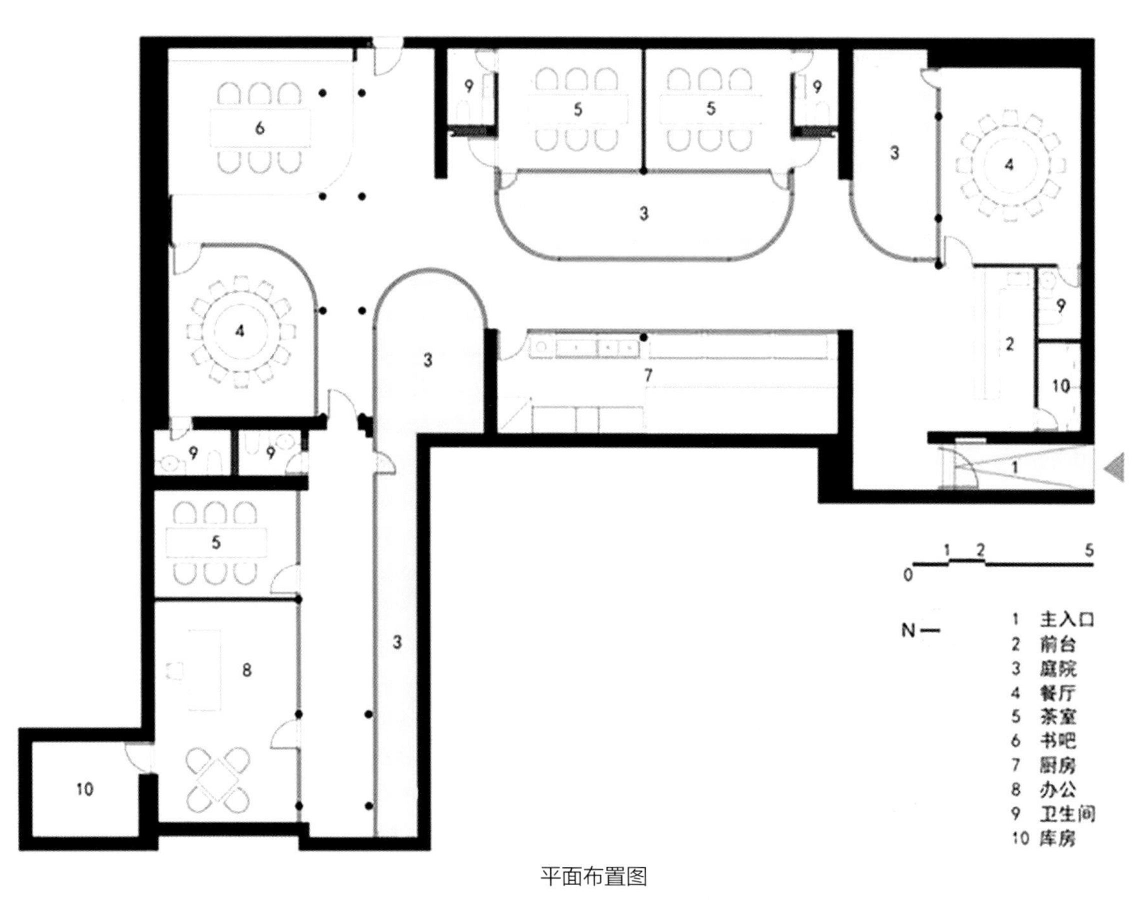

平面布置图

C 平方会所
C-SQUARE

项目名称 _C 平方会所 / **主案设计** _ 孔魏躲 / **项目地点** _ 江苏省南通市 / **项目面积** _250 平方米 / **投资金额** _75 万元 / **主要材料** _ 原木、竹子等

A 项目定位 Design Proposition
需要找个地方静静的城市白领理想之地。

B 环境风格 Creativity & Aesthetics
现代简约略带禅意的空间。

C 空间布局 Space Planning
因为是在高档写字楼里的会所，进门处的玄关处理仿佛进入到与世无争的一方净土。

D 设计选材 Materials & Cost Effectiveness
原木做旧处理，竹子的创新应用。

E 使用效果 Fidelity to Client
在喧闹的城市中的一方净土。

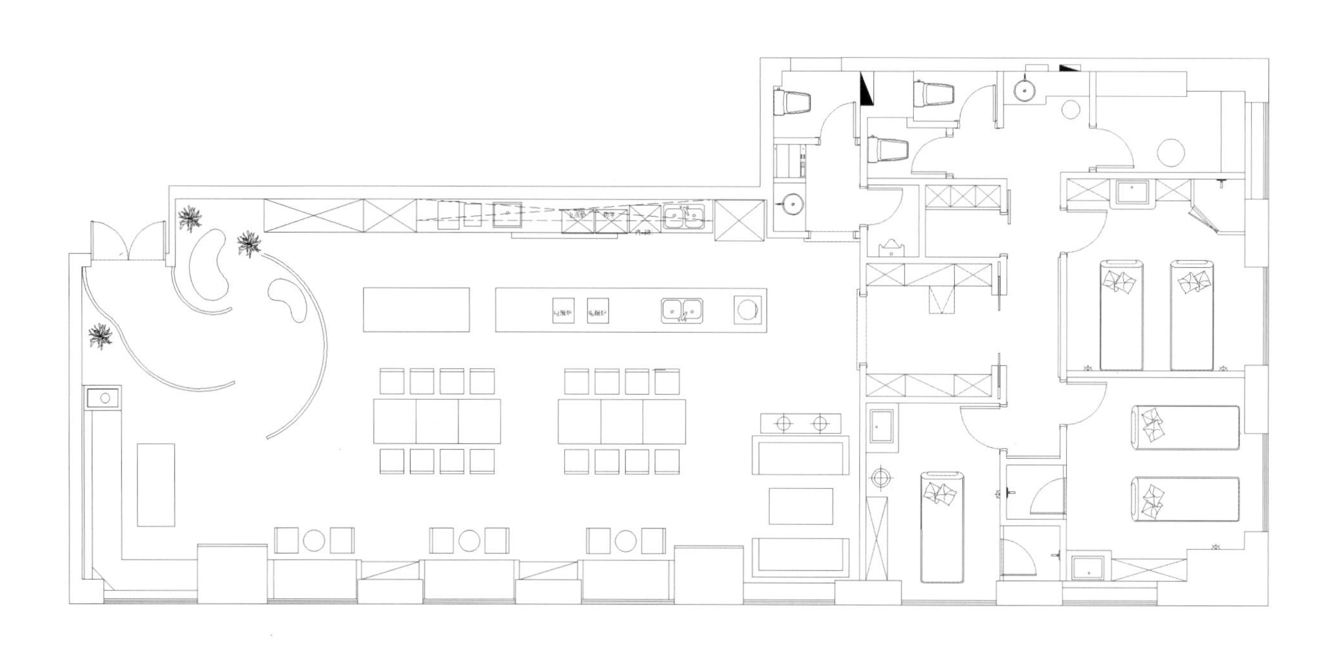

平面布置图

ARTISTRY

建发海西首座茶艺馆

JIANFA HAIXI TEA HOUSE

项目名称＿建发海西首座茶艺馆 / **主案设计**＿张蒙蒙 / **项目地点**＿福建省厦门市 / **项目面积**＿160 平方米 / **投资金额**＿100 万元 / **主要材料**＿铁艺等

A 项目定位 Design Proposition

东方茶文化包含的"意"极为博大精深，从茶具、茶叶、茶艺到品茶、香氛、休验都非常丰富，在高低错落的趣味空间之中展示这种茶的"意"，如同在"小空间"里拥抱"大内容"一样，让空间为媒，穿针引线，把意和景融合其中。

B 环境风格 Creativity & Aesthetics

象征深厚底韵古建筑白墙灰瓦的钛白、炭灰色调，融合代表文人墨客儒雅的蓝色调和极具视觉冲击力的黄色调。源于自然的木、石、光、水等元素，提炼宁静与安逸的环境与和谐之美。是一种回归，一种朴实，一种境界的心情下品茶。

C 空间布局 Space Planning

一个5米高的前台空间，背后的景观面以格栅规则阵列，古朴的木色在背后灯光的映衬下，与背底的抽象水墨画相呼应，犹如身处室外的宁静致远的立体视觉艺术。再从楼梯旁的栅格竖线元素贯穿整个空间，也是一种穿针引线的作用。

D 设计选材 Materials & Cost Effectiveness

在山水画遮挡搭配半通透纱质屏风下，营造若隐若现的远山空悠意境，与茶的文化意境作呼应。楼梯中空端景处设计铁艺框架悬吊四面皆可观赏的艺术品，提升艺术品的穿透力，空灵的吊饰与底部枯山水形成禅意的呼应。木质家具的线条轻盈简洁，同时追求丰盈的木质纹理、自然的触觉和柔和的漆面光泽是家具与东方茶文化的完美融合。

E 使用效果 Fidelity to Client

感受着一种"禅意"的格调，也是一种人生领悟。

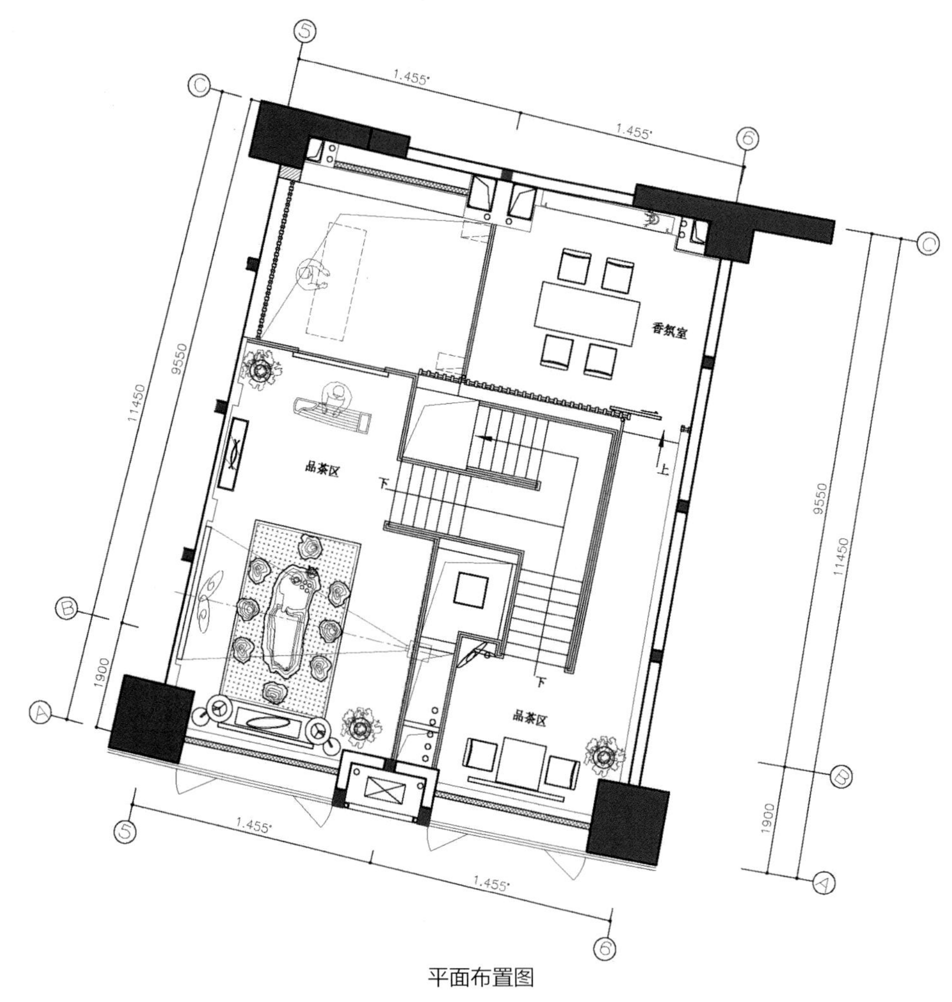
1.455°
1.455°
香氛室
品茶区
下
上
品茶区
下
9550
11450
1900
9550
11450
1900
1.455°
1.455°

平面布置图

万科同乐汇
TOBY'S HOME

项目名称 _ 万科同乐汇 / **主案设计** _ 孙大勇 / **参与设计** _Chris Precht、白雪、权赫、李朋冲 / **项目地点** _ 北京市房山区 / **项目面积** _800 平方米 / **投资金额** _300 万元 / **主要材料** _PVC 板材等

A 项目定位 Design Proposition
基于万科长阳的居住社区背景，同乐汇主要解决居民的儿童周末公共活动和教育需求，同时项目位于商业综合体内，也以咖啡和书吧的方式服务于社会大众。

B 环境风格 Creativity & Aesthetics
作品以蒲公英为原型，创造了拱形的结构，使空间层次递进，白色的结构配合灯光的效果使空间晶莹剔透，就像是被吹散的蒲公英，给孩子带来一份最简单的快乐。

C 空间布局 Space Planning
空间创造了一个循环的动线，通过局部夹层，使首层的商业、活动空间与二层的亲子空间分隔开，但同时坡道的设置允许孩子在里面自由跑动。隔断的布置基于家具排放的需要，丰富而富有变化。

D 设计选材 Materials & Cost Effectiveness
作品采用了轻质的 PVC 板材，造价低、质量轻、易于加工，大大节省了造价同时在有限的工期内保证了项目的完工。

E 使用效果 Fidelity to Client
作品落成后，得到了客户和消费者的好评，甚至有很多结婚的新人选择这里举办婚礼，他们在这里仿佛也找到了自己童年的记忆。

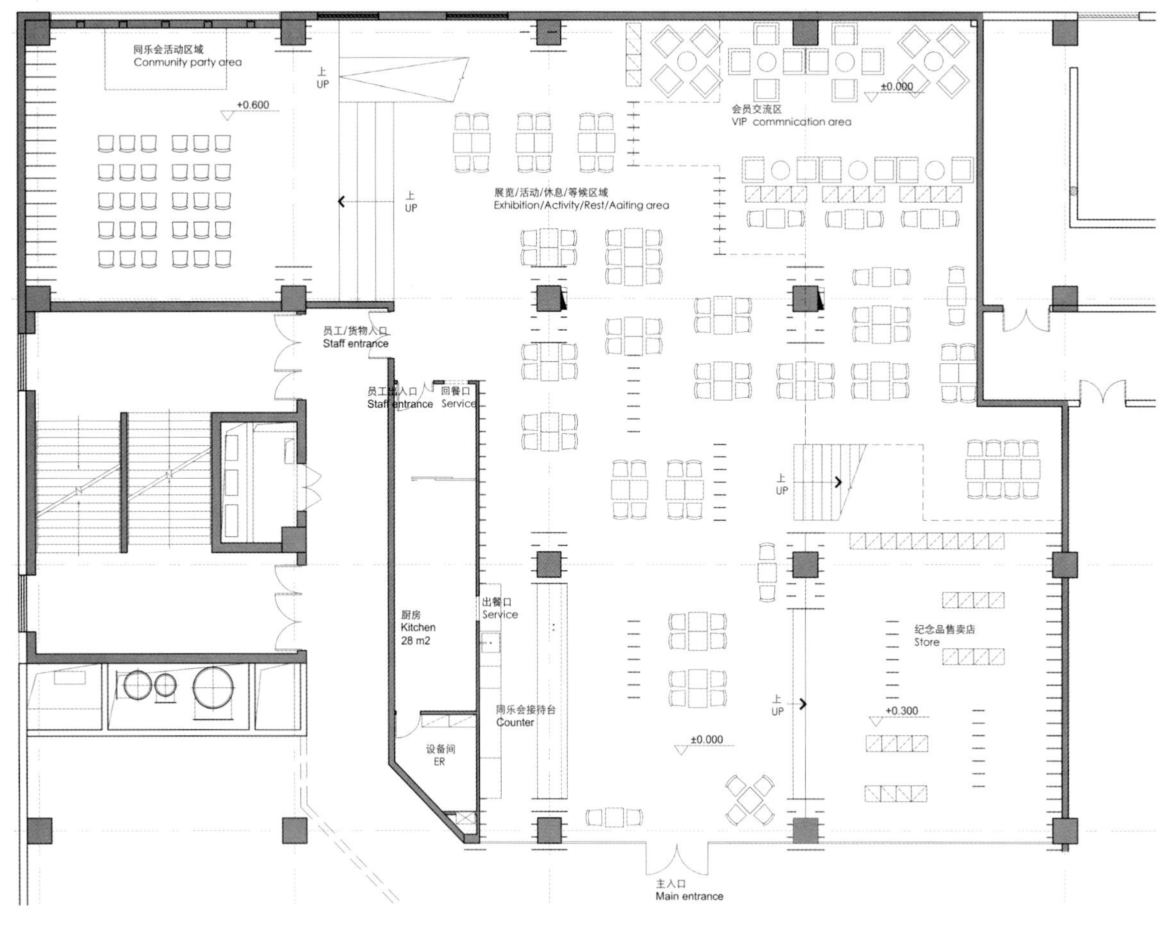

同乐会活动区域
Community party area
+0.600
上
UP
上
UP
展览/活动/休息/等候区域
Exhibition/Activity/Rest/Aaiting area
±0.000
会员交流区
VIP commnication area
员工/货物入口
Staff entrance
Staff entrance
回餐口
Service
上
UP
厨房
Kitchen
28 m2
出餐口
Service
纪念品售卖店
Store
上
UP
+0.300
同乐会接待台
Counter
±0.000
设备间
ER
主入口
Main entrance

平面布置图

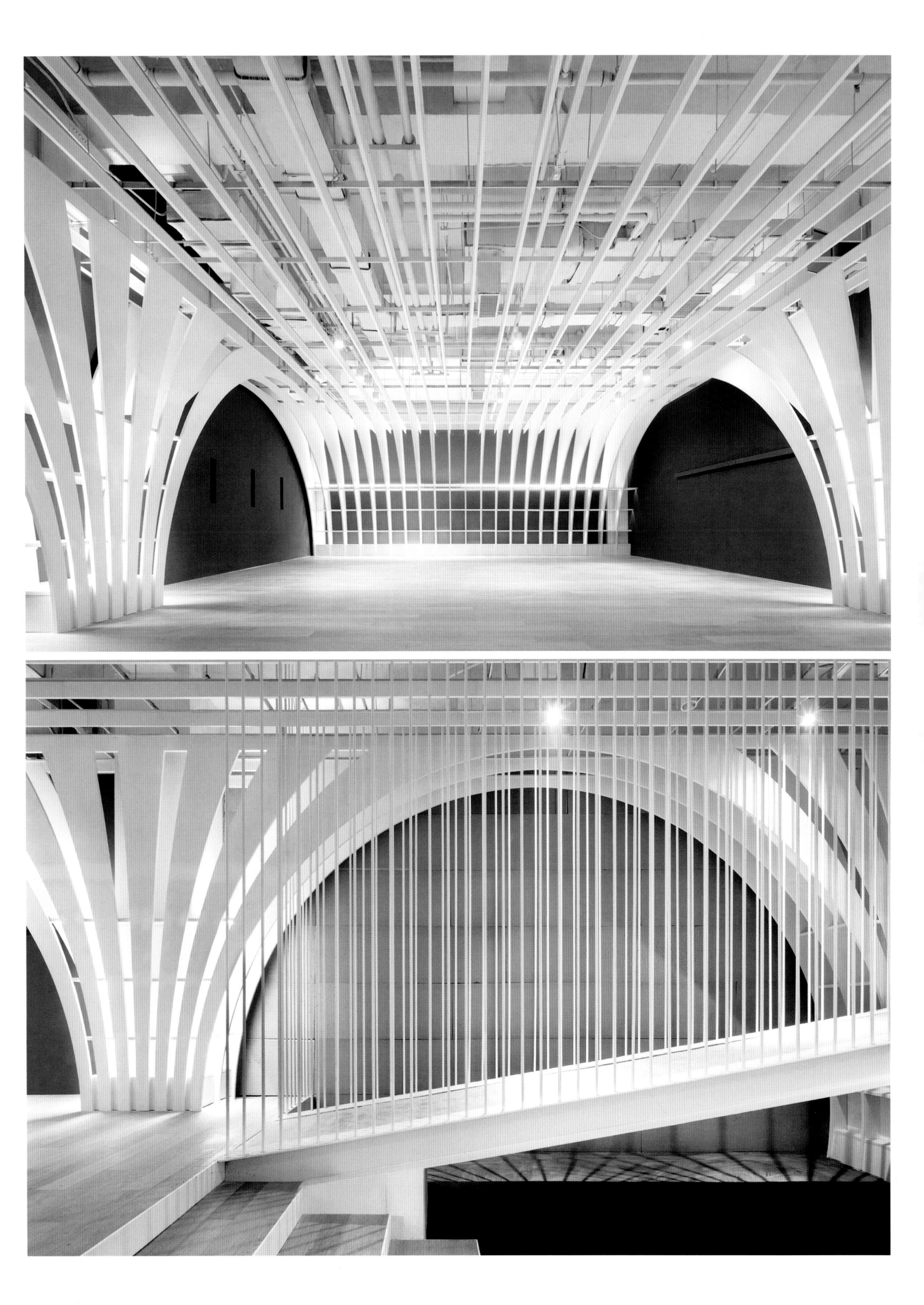

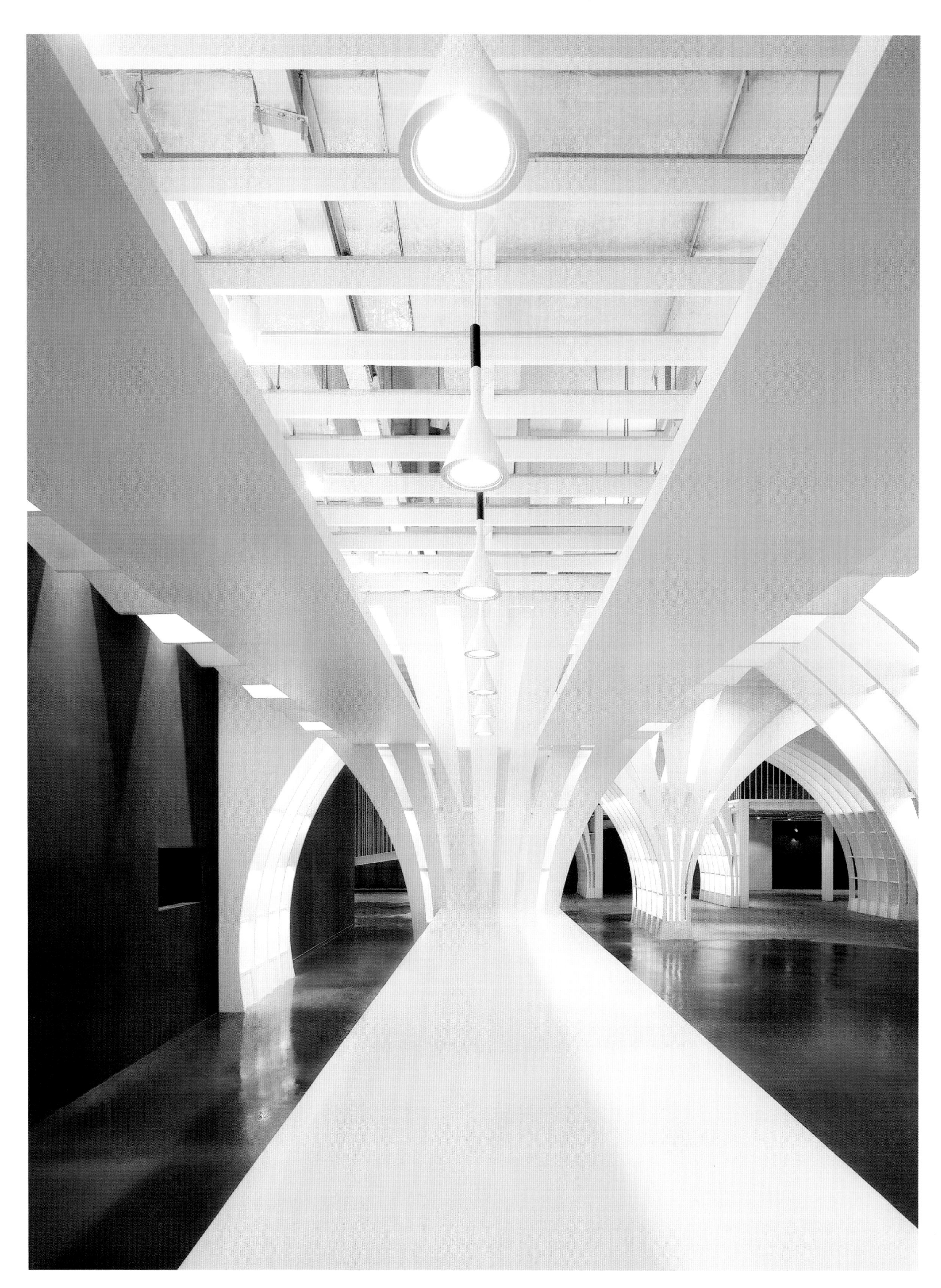

卜居茶社
BU JU TEA HOUSE

项目名称 _ *卜居茶社* / **主案设计** _ *胡卫民* / **参与设计** _ *魏贯超、陈文博、史永红、崔治明、栗师师、赵莹、焦凯歌* / **项目地点** _ *河南省郑州市* / **项目面积** _ *1630 平方米* / **投资金额** _ *300 万元* / **主要材料** _ *麦秸、麻布、青石、朽木、原木、青砖、砾石等*

A **项目定位** Design Proposition
提倡质朴生活为主题。

B **环境风格** Creativity & Aesthetics
河南的民间文化特点。

C **空间布局** Space Planning
河南民居四合院建筑特点。

D **设计选材** Materials & Cost Effectiveness
麦秸、麻布、青石、朽木、原木、青砖、砾石。

E **使用效果** Fidelity to Client
受到客人们一直好评。

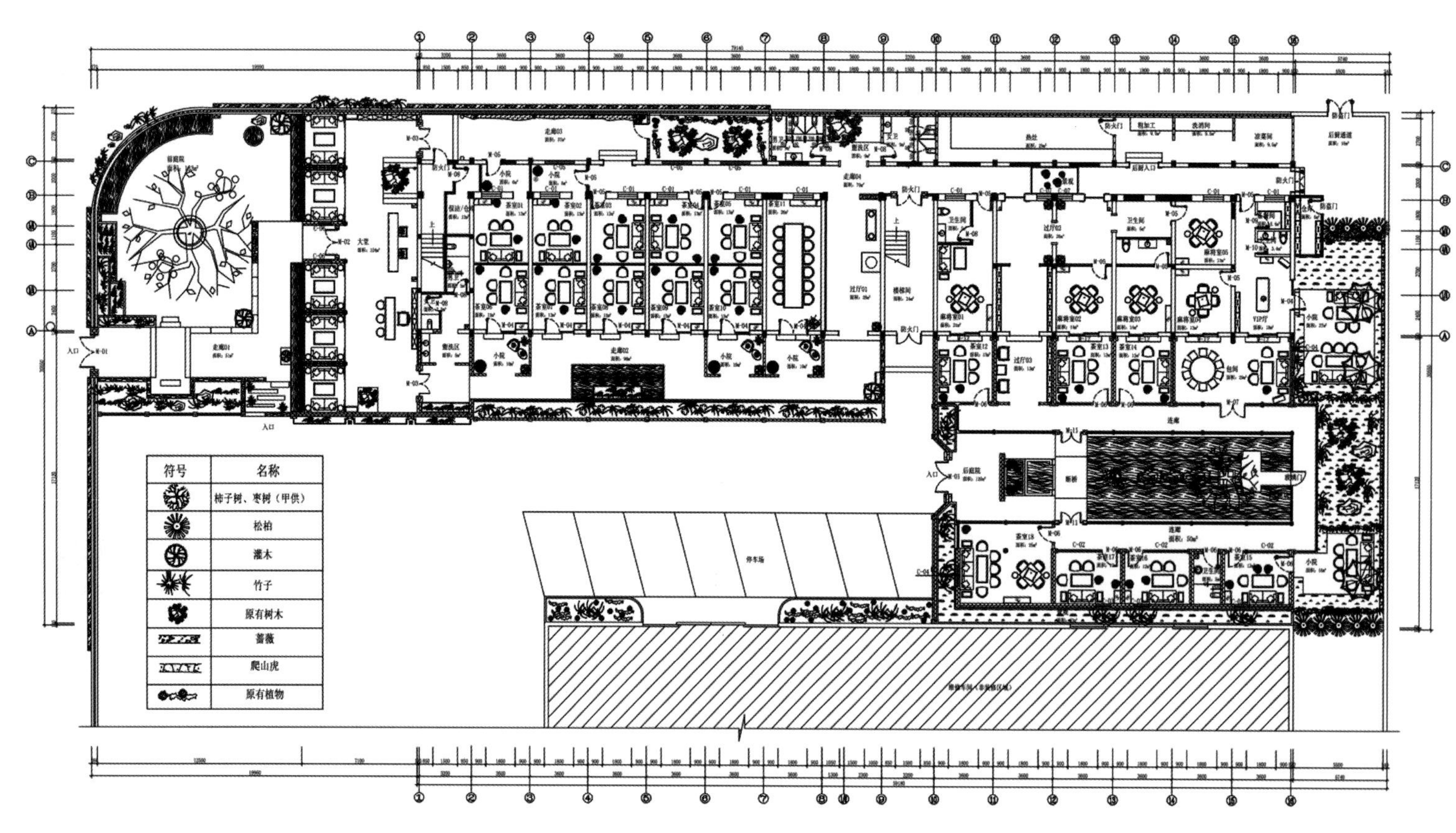

总平面布置图

浮山溪谷

FUSHANXIGU

项目名称 _ *浮山溪谷* / **主案设计** _ *李金山* / **项目地点** _ *山东省青岛市* / **项目面积** _ *1600 平方米* / **投资金额** _ *580 万元* / **主要材料** _ *石板、水泥、锈板、老榆木、宣纸等*

A 项目定位 Design Proposition

浮山溪谷突破传统单一商业模式，融入生态餐饮、禅茶、中医、太极综合体运营模式，在繁华宣泄的都市中为你营造一个静心休闲地方，静心是一种美，是一种幸福，也是一种纯净和清明。

B 环境风格 Creativity & Aesthetics

浮山溪谷选址以独特的自然风光让客人感到蝉噪林逾静，鸟鸣山更幽的意境．装饰材料以极少的废旧自然材料，精心设计，以达到保护人文文化和再次唤醒富有东方感的生命力，让人感到中式现代风格里面带着怀旧及禅意的气息。

C 空间布局 Space Planning

禅意的架构理念，牵引着各区域的衍生。水与石动线的韵律指引形式移入室内，信步室内给以人“曲径通幽处，禅房花木深”的环境氛围。

D 设计选材 Materials & Cost Effectiveness

石板、水泥、锈板、老榆木、宣纸。

E 使用效果 Fidelity to Client

以独特空间设计及综合的业态得到消费者的赏识与青睐，大部分消费者慕名而来，每日座无虚席、时常出现排队等位现象。达到初期的设计定位与品牌策划的预期效果。

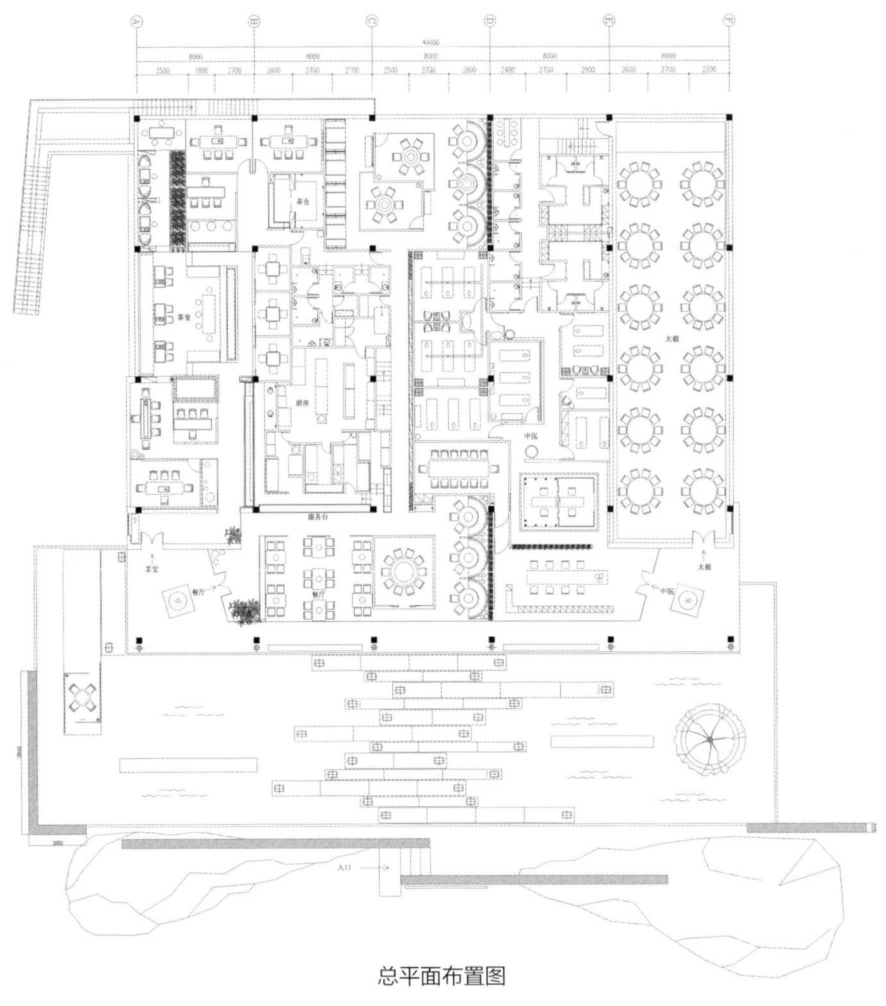

总平面布置图

鲜

汐源茶楼
XI YUAN TEA HOUSE

项目名称 _ *汐源茶楼* / **主案设计** _ *王践* / **参与设计** _ *毛志泽、蓝兰婉* / **项目地点** _ *浙江省宁波市* / **项目面积** _*450 平方米* / **投资金额** _*150 万元* / **主要材料** _ *木材、水泥，钢板钢筋、粗麻缆绳等*

A 项目定位 Design Proposition

茶馆卖的不仅是茶，更是“馆”。即设计师打造的并不单单是一间茶馆，更是一个公共的社交平台。设计师将空间比作容器，能收纳与茶有关的各种人事物，也能包容与学习交流有关的各种展演。希望分享的是一种平和，谦逊，舒适，并能切合当下审美与价值观与时俱进的一种美学生活态度。

B 环境风格 Creativity & Aesthetics

“让年轻人爱上茶馆”。尊重传统不等于回到过去，传承文化更不能仅停留在形式上。传统茶馆设计过于符号化和注重元素堆砌，色调深沉且物件厚重生涩，气氛压迫有种强加于人的文化侵略感。流失大部分的年轻消费群体，让原本就对传统文化漠视的年轻人更加的对茶馆敬而远之。设计师运用明快轻松的手法，简单质朴的材料与工艺化解为表现文化而堆砌符号带来的掠夺性，强调人才是空间的主体，尊重材质的本色表达，尊重人在空间里的情感诉求，赋予茶馆一种属于当代的时尚。

C 空间布局 Space Planning

分散私密的包厢势必也会割裂和打散人气，设计师在满足业主经营需要以及充分尊重业主对风水诉求的前提下规划出一片宽敞明亮的大厅空间。8.8 米长的原木茶台成为整个空间的焦点。以大厅、包厢及卡座的形式完成对空间的布局。共享空间强调仪式感，聚集人气，体现名堂的功用。包厢部分则注重私密与舒适，在规制与自在中寻求一种平衡。

D 设计选材 Materials & Cost Effectiveness

传统茶馆用材用工擅用古法，如今匠心不再且耗时费工，效率极低，而且往往词不达意，牵强附会。商业项目几乎不容许有那么奢侈的时间成本。本案尽可能地用现代工艺和材质来表达古意新境。现代工艺加工还原的仿古再生木材、素色水泥、钢板钢筋以及当地产的粗麻缆绳串起整个空间的气质。

E 使用效果 Fidelity to Client

自 2015 年年初开业以来，即在宁波赢得了普遍美誉及拥趸。成为文化、艺术、传媒与时尚圈人士的聚集地。尤为可贵的是赢得了大量年轻消费者的喜欢，甚至成了许多新人婚纱摄影的取景地。企业聚会、商务洽谈、艺术展览与沙龙络绎不绝。开业半年已实现盈利。至今已拥有逾 300 名会员，一举成为甬城 3300 余家茶馆里的佼佼者。

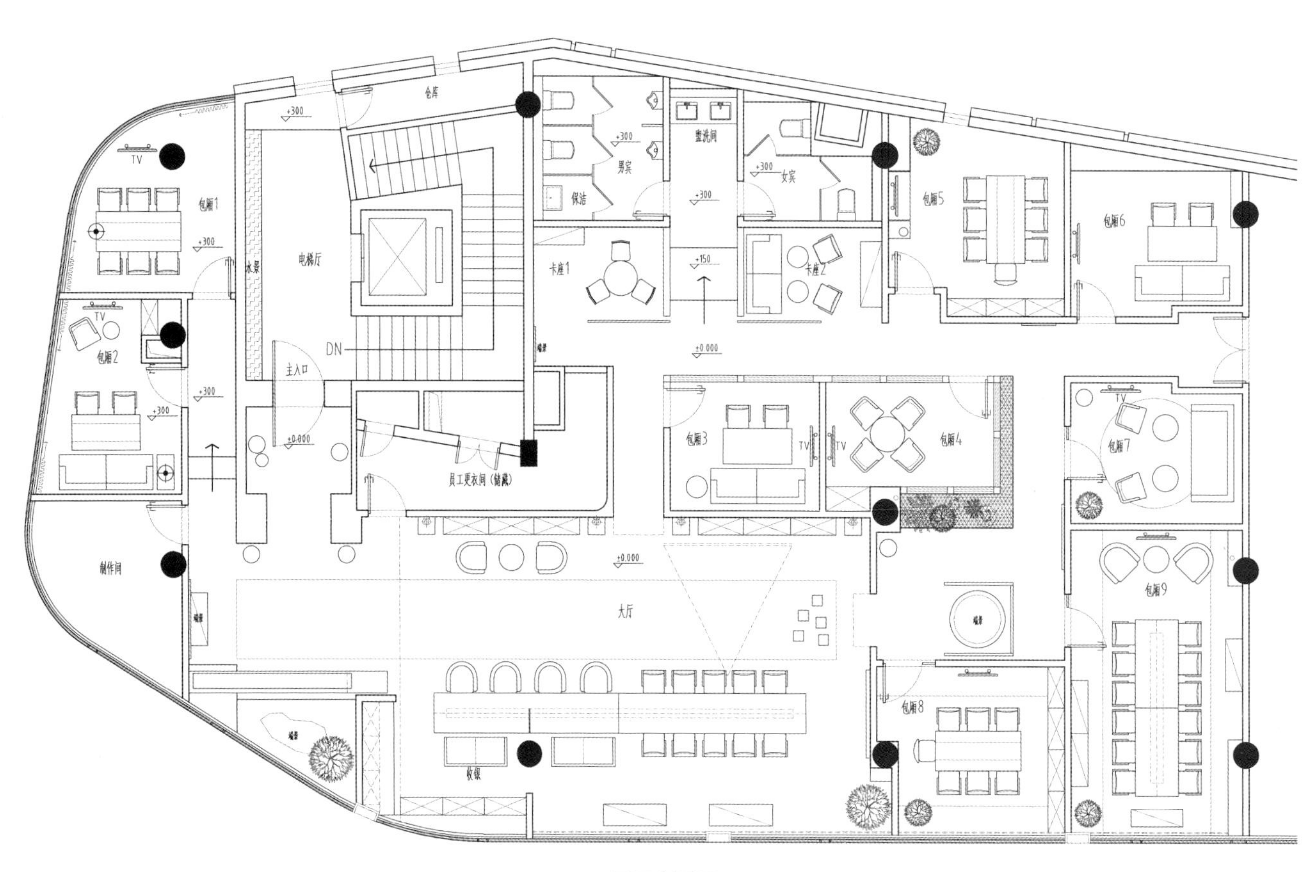
仓库
男宾
保洁
盥洗间
女宾
包厢1
包厢2
包厢3
包厢4
包厢5
包厢6
包厢7
包厢8
包厢9
电梯厅
水景
主入口
DN
卡座1
卡座2
员工更衣间（储藏）
制作间
大厅
收银
TV
+300
+150
±0.000

平面布置图

Show flat & sales office

样板间 / 售楼处

中粮商务公园 COFCO BUSINESS PARK

长乐金港城销售中心 JINGANG CITY

上海万科商用展示中心 VANKE SHOWROOM

无锡拈花湾禅意小镇样板区 GENGWANSMILE BAY RESORT TOWN-VILLA COMPLEX, WUXI

三亚海棠福湾A1别墅 HAITANG FU ONE

绿地滨湖国际城二期4#楼售楼处 GREENLAND ZHENGZHOU BINHUMETROPOLIS 4#SALESCENTER

泊居·上海东平森林1号别墅样板间 (BOJU)-SAMPLE VILLA,NO.1 DONGPING FOREST PARKSHANGHAI

北京保利大都汇广场售楼中心 BEIJING POLY METROPOLIS PLAZA SALES CENTER

显隐一瞬 FLASHING IN ONE MOMENT

长白山中弘池南区项目售楼中心 CHANGBAI MOUNTAIN SALES OFFICE

交点 INTERSECTION

天津美年广场LOFT办公样板间 TIANJIN UNITED STATESINTHE SQUARE LOFTOFFICE MODEL

北京中粮瑞府400户型 THE GARDEN OF EDEN, BEIJING

莲邦广场艺术中心 LOTUS SQUARE ART CENTER

英伦骑士心·紫悦府B户型别墅 ENGLISH kNIGHTS HEART

庄生梦蝶·苏州建发地产中泱天成售楼处 JOSON BUTTERFLY DREAM

SG·珊顿道销售中心 SG.SHENTON WAY, SALES CENTER

品生活 LIFE TASTE

中国华商集团销售会馆·城市地景 URBAN PAVILION

中粮商务公园
COFCO BUSINESS PARK

项目名称 _ 中粮商务公园 / **主案设计** _ 李益中 / **参与设计** _ 范宜华、陈松 / **项目地点** _ 广东省深圳市 / **项目面积** _1200 平方米 / **投资金额** _700 万元 / **主要材料** _ 大理石、聚酯漆、透光软膜、工程地毯等

A 项目定位 Design Proposition

该项目是中粮集团下属中粮地产（集团）股份有限公司 2014 年在深圳宝安区新安工业园区的精品写字楼附住宅综合体商业项目。该项目是整个新安工业片区旧城改造的领头示范工程。

B 环境风格 Creativity & Aesthetics

通过综合分析我们对该案的设计主张是：具有强烈昭示性、前瞻性。具备未来感、科技感的现代综合营销空间，既满足传统的营销功能特点又具备超前流线式的体验。

C 空间布局 Space Planning

平面规划，门厅空间与内部大厅空间有 3 米高的落差，且呈现狭长矩形。我们运用折线引导加叠坡设计手法，布置接待区、坡道区、影视厅，充分利用了狭长的空间格局。13° 的缓坡设计在解决了大尺度落差的同时增加了人在空间的体验感与乐趣，坡道的终点是项目整体演示的多功能影视厅。影视厅“蛋壳”般的造型，跌级水景等形影交错，使人在门厅中便得到充分的新鲜感，且巧妙将客户平缓过度至 3 米高的大厅空间；大厅的采光面极好、空间开阔，所以我们将人群活动最为集中的项目沙盘展示区、洽谈区（洽谈服务区）设置在该区域，同时将天花的设计手法由门厅延伸至大厅空间；以大厅空间为中心，分散布置了品牌馆、VIP 客户区、签约区、卫生间、办公区等。整个平面流线便捷工作效率高，空间层次丰富，前后交相辉映，相得益彰。极大满足营销功能的同时紧扣设计主张。

D 设计选材 Materials & Cost Effectiveness

物料设计，我们选用了性价比超高的装饰物料。比如皇家黑檀大理石、聚酯漆、透光软膜、定制工程地毯、合成革皮料、定制铝方通、不锈钢皮等。通过形体、软硬、尺度、比例等合理组织与控制让每个细部都非常耐人寻味，品质感较高。

E 使用效果 Fidelity to Client

作品在运营后得到了业主及参观者的极大肯定，设计风格现代简约又不失商业氛围，极大的推动了该楼盘的销售。

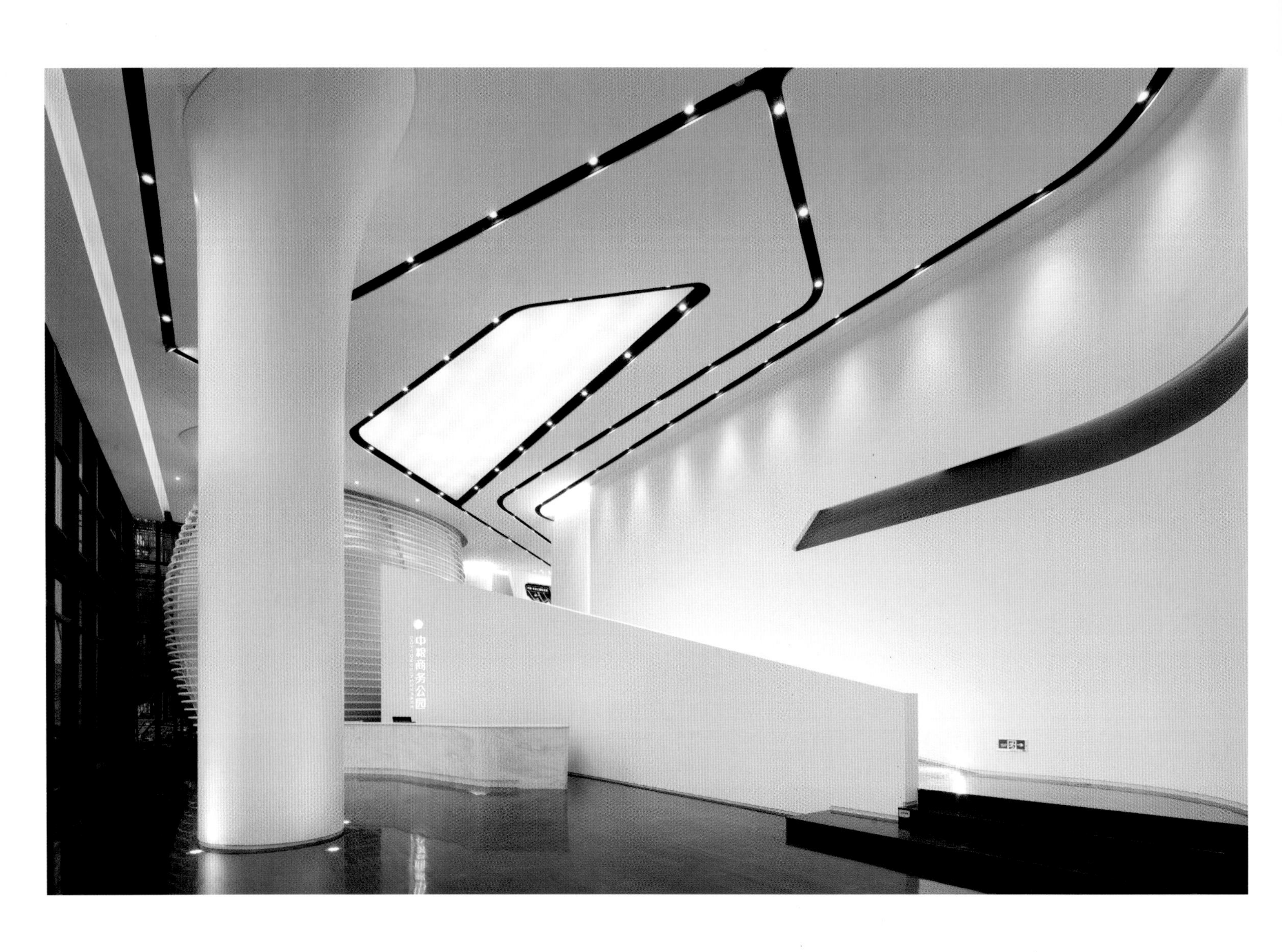

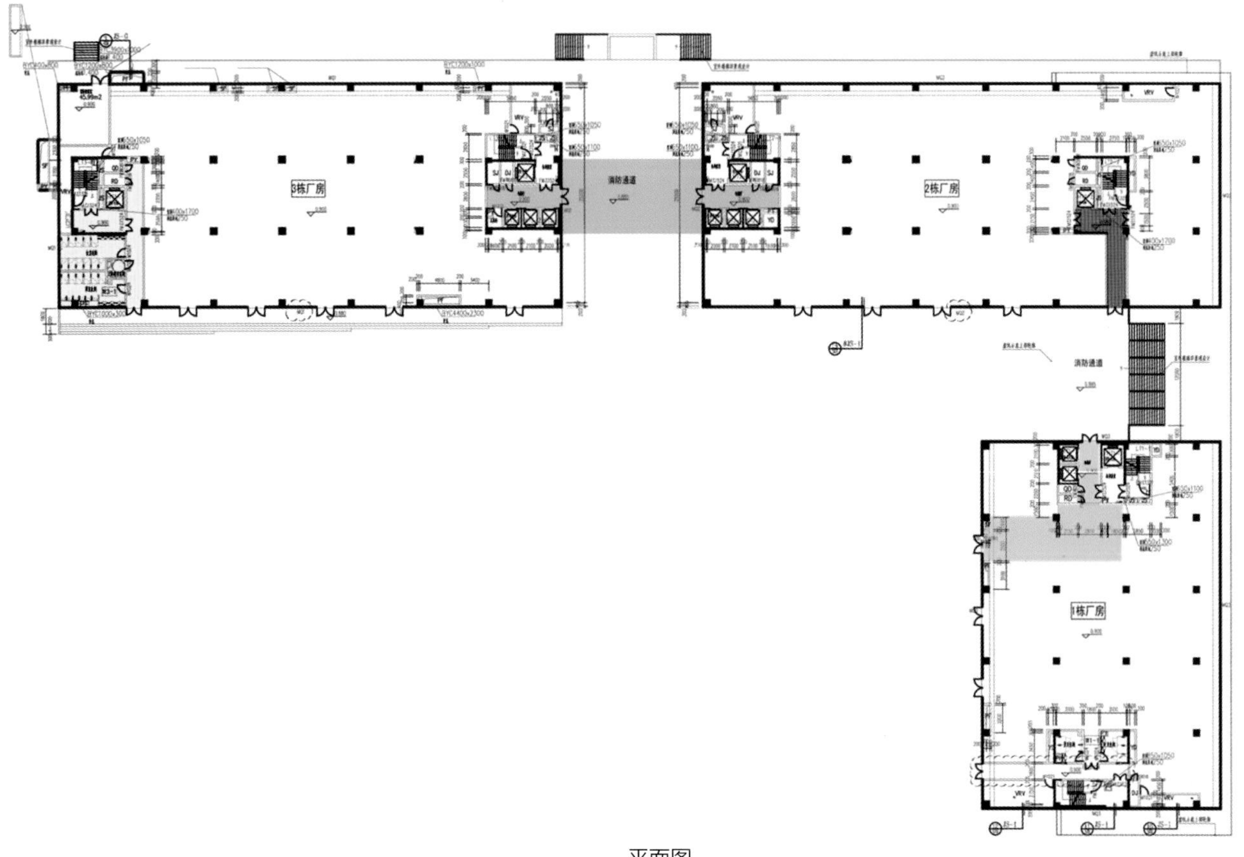

平面图

中粮商务公园
COFCOBUSINESSPARK

首发
全球招商
中粮
COFCO
TEL 0755
2966 3888
目地址：深圳市宝安区新安街道留仙二路与洪浪北二路交汇处（环中线兴东站A出口）

长乐金港城销售中心
JINGANG CITY

项目名称＿长乐金港城销售中心 / **主案设计**＿何华武 / **参与设计**＿杨尚炜 / **项目地点**＿福建省福州市 / **项目面积**＿1100 平方米 / **投资金额**＿200 万元

A 项目定位 Design Proposition
我们崇尚质朴的诗性，写意处于写实与抽象之间，它既不会使人产生一览无余的简单，也不会令人有望而却步的深奥，引导人们在一种似曾相识的意境中。

B 环境风格 Creativity & Aesthetics
引导人们在一种似曾相识的心理作用下，去把玩、体味，感觉空间的整体及每个局部。细部的"意味"智慧生成形式，写意凝固着瞬间感悟，凝固着生命的激情，从而更接近于空间的本质。自然地拼弃了表象的细节，抓住并突出客观事物中的自然交融。

C 空间布局 Space Planning
本案是一处展示体验的交流空间。建筑强烈的图形感，尖峰密集交错宛如宝石晶体的建筑体量，我们希望这种原始、纯粹的张力从建筑外部延伸到室内空间，以雕塑般的造型及内部丰富的空间和光影，给参观者惊艳的立面背后是独特的空间体验。

D 设计选材 Materials & Cost Effectiveness
创作这个项目的缘起，是对当下地域人文形势跳跃性的思考，山岳幽谷构成想要打造出一个超现代引领时尚的"骚狐"空间。

E 使用效果 Fidelity to Client
创造性地发展了该建筑的文化精神，跳出传统思维的束缚，注入了新的设计理念和设计元素，新的表现语言成就了独立的风格。它会一直是先锋前卫的代名词，这意味着从这里开始它将是未来的主流。

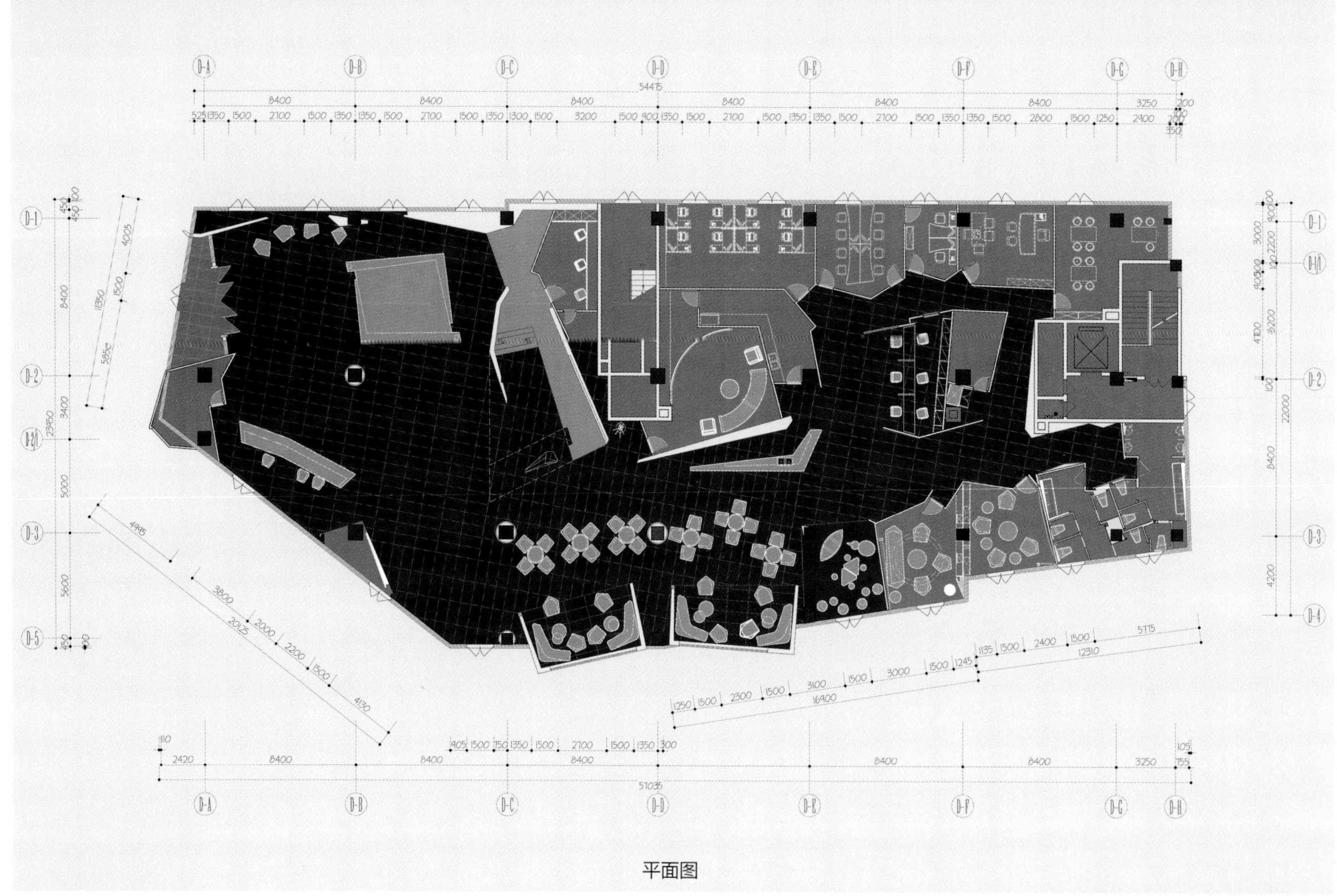

平面图

金港城

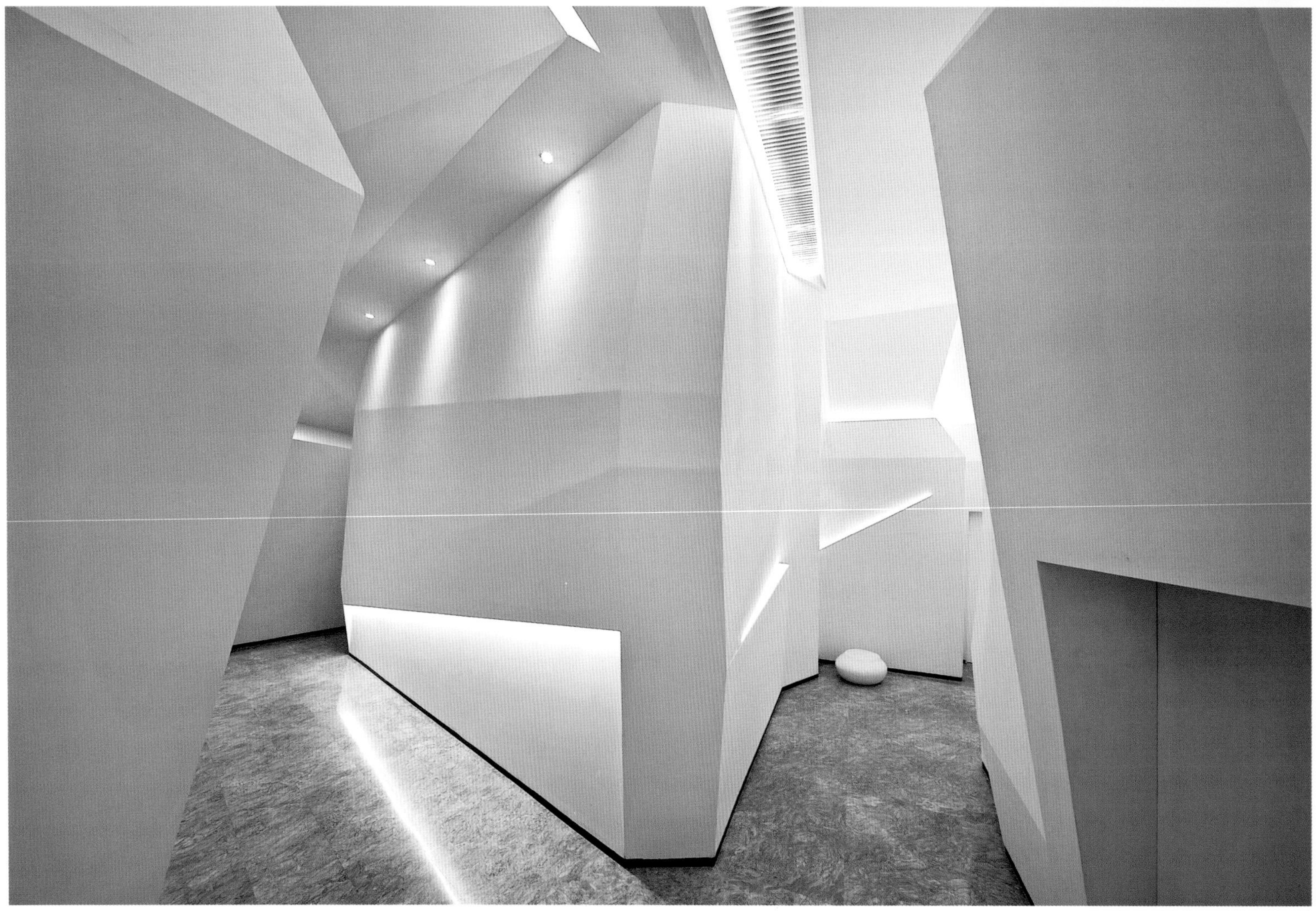

上海万科商用展示中心
VANKE SHOWROOM

项目名称 _上海万科商用展示中心 / **主案设计** _Thomas Dariel / **项目地点** _上海市闵行区 / **项目面积** _900 平方米 / **投资金额** _140 万元

A 项目定位 Design Proposition

万科特别委托业内著名设计公司 Dariel Studio 度身定做体量上海万科商用展示中心，以多个商业主题的形式，向大家呈现一种会呼吸的商业及多维度未来商业的理念。

B 环境风格 Creativity & Aesthetics

万科从传统住宅开发商向城市配套服务商的这一发展让人联想到了古代人类社会发展的历程——人类从自给自足的散居模式发展为交换经济的聚居模式，先有了房屋，再有了集市，逐渐形成了村落，随即城市的出现形成了当代社会。 因此，设计师关于这个展厅设计的概念就应运而生。整个展厅呈现了一条从〝村〞到〝城〞的发展线索。

C 空间布局 Space Planning

通常，被空间所限制的室内设计师总是要想尽办法将许多的元素填充到一个既定的框架里，然而热衷于从室内设计中跳脱局限向来是 Thomas Dariel 的设计原则。利用本案空间层高的有利条件，设计师创造出室内建筑的形态和概念，在充分满足客户需求的同时也达到了独树一帜的设计效果。

D 设计选材 Materials & Cost Effectiveness

“城墙”——坡道 这个灵感源于古城墙，随着冷兵器时代的结束以及城市的扩张，人们的生活方式已不限于城墙内，设计师为其注入了新的生命和活力，用环绕的坡道来象征城墙，架构起一个与古为新的三维空间。 “房屋”——室内建筑 Thomas Dariel 的设计将多个原本分离、具有不同功能的房间组合并延伸，旨在营造由不同房屋组成的城市感。 “集市”—— 独特的项目展示空间 在动线安排上的费心，使得人们可以贯穿整个集团的历史文化并且探索展示区域内所呈现的最新概念的万科购物城的模型。 “风景” 尽管这是个室内空间，设计师仍希望通过大自然的图案为来客营造舒适的感觉。 “文化”——万科历史与文化 无论是历史走廊中展示的万科企业历史，项目和文化，还是开放式的空间打造和点缀的 V 形图案，都没有这个设计概念本身所代表的万科核心价值更具有说服力。

E 使用效果 Fidelity to Client

万科商用展示中心的成立拉开了 Dariel Studio 与万科之间的合作，不仅为企业和相关楼盘带来了可观盈利，同时作为企业的样板项目进行广泛推广。

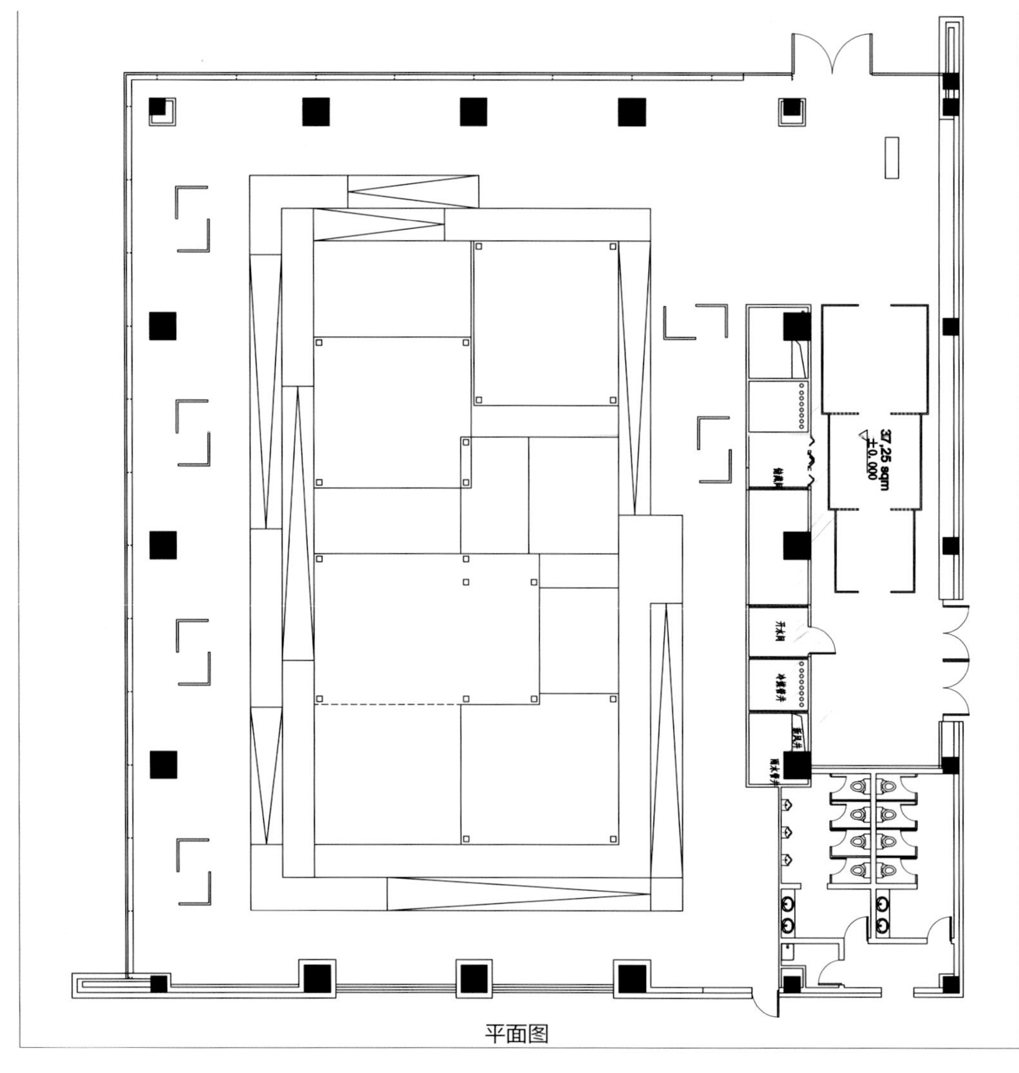

平面图

无锡拈花湾禅意小镇样板区
GENGWAN SMILE BAY RESORT TOWN-VILLA COMPLEX, WUXI

项目名称 _ *无锡拈花湾禅意小镇样板区* / **主案设计** _ *陆嵘* / **参与设计** _ *李怡、卜兆玲、王玉洁、苗勋、项晓庆* / **项目地点** _ *江苏省无锡市* / **项目面积** _ *1900 平方米* / **投资金额** _ *2000 万元*

A 项目定位 Design Proposition

将传统“禅文化”与休闲度假相融合，通过对不同“禅意”风格的表现，打造适合不同休闲需求的度假模式，给快节奏生活的现代人一个心灵放松与净化的净土。

B 环境风格 Creativity & Aesthetics

拈花湾是融东方禅文化内涵和特色的禅意度假小镇。室内整体风格与周围庭院景致相辅相成。简约的线条，古朴的材质，典雅精致的家具，给人带来自然的宁静与平和。

C 空间布局 Space Planning

不同于一般商品房样板间，空间更为人性化及舒适化，回归生活本质，在禅意氛围的感染中，茅草屋顶、原木家具、素色面料，一切都是那么的不经意，天然去雕琢。立志于打造一个清丽如水，沉定如钟的桃源幽世。

D 设计选材 Materials & Cost Effectiveness

融合不同意境地域的“禅”文化，通过运用颜色、材质等设计语言，拉开感官差异。每步入一个屋檐，都是一次惊喜，大到整体空间氛围，小至一个门把手，都呼应着各自的主题、舒展着不同的姿态。不同年龄、不同地域、不同喜好的人们都能感同身受地知道在这个地方，能筑一个家。

E 使用效果 Fidelity to Client

不同于传统的江南水乡及文化体验，没有一般商品房那样浓烈的色彩和热闹丰饶的氛围，没有城市其他建筑物的干扰。融于自然，明镜止水，素色大气，通过大量生活气息强烈的家居用品点缀，显得特别有亲和力，一切都如此自然。隐于竹篱与绿荫之中品味禅境生活。

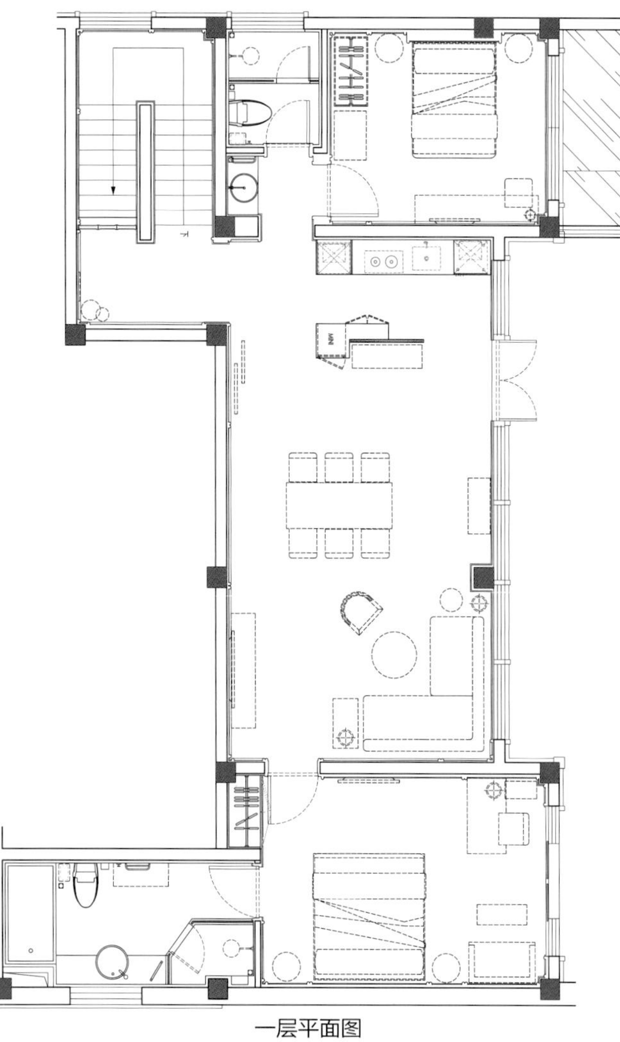

一层平面图

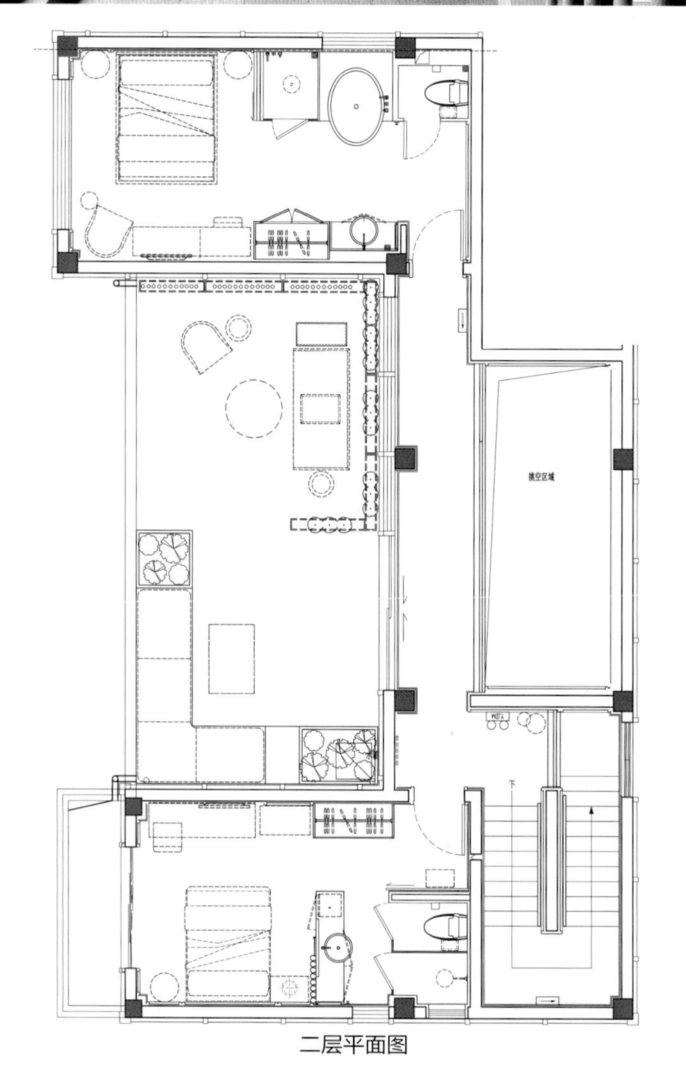

二层平面图

三亚海棠福湾 A1 别墅

HAITANG FU ONE

项目名称 _ *三亚海棠福湾 A1 别墅* / **主案设计** _ *葛亚曦* / **参与设计** _ *蒋文蔚、彭倩* / **项目地点** _ *海南省三亚市* / **项目面积** _*348 平方米* / **投资金额** _*300 万元* / **主要材料** _ *木、金属等*

A 项目定位 Design Proposition

为了营造休闲度假的舒适感，以简约的形式去塑造奢华的体验，通过简约的空间设计，以少胜多、以简胜繁，唤醒中国的风雅传统，成为“向传统致敬的当代名胜”。

B 环境风格 Creativity & Aesthetics

为了延续其建筑与景观的风雅，设计师独具匠心，用流淌在中国血统里的西方技艺，将泛东方文化的传统元素通过现代提炼，演绎成当代艺术的精髓，形成一座拙朴形制，大巧不工而别具内涵的别墅，使其与财富阶层返璞归真的信仰与风雅精致的气质完美交融。

C 空间布局 Space Planning

丰富庞大的设计内涵，使每一个空间呈现出来与众不同的观感价值。 客厅是满足主人社交的公共空间，以高级灰为主色调，配以沉静的绿色，严谨和骄傲的背后，透露着稀缺感；餐厅为满足宴请功能，实木餐桌、白色皮质餐椅、红色主餐椅、精美花艺在空间中融合汇聚，自然洒脱；家庭室则营造轻松闲适的氛围，增进家庭成员之间的互动，深咖、灰色与点缀其中的绿色织构出温暖质感的公共空间，粉色桃花精巧点缀，将东方意境不经意带入。主卧以内敛的灰色和蓝色为主色调，点缀其间的花艺将东方的智慧与态度无限放大；老人房陈设以深咖啡色作为主基调，橘色点缀其间，整个空间饱满雅致；小孩房则以深蓝和米色为主，各种航模玩具使空间层次丰富，充满童趣。

D 设计选材 Materials & Cost Effectiveness

在家具的材质和款式方面，设计师以拙朴形制演绎大巧不工的东方美学韵致，质璞表象下掩藏尊贵内涵。在原空间中轴对称的基础上布置、细化与整合，借以行云流水的空间动线形成配合空间的布局。

E 使用效果 Fidelity to Client

在现代的调性上，加入古典的手法贯穿其中，清新淡雅的色调使空间充满了浪漫。而不同空间的水墨画，或拙朴简单，或质感清新，或优美宁静，但无一例外，都使得空间意境淡远，凸显东方美学的雍容雅致，生活本真的气度在这样的环境中酝酿升腾。

三十六計
中國通史
Furniture culture
OLIVIA DECORATION
CREATION

一层平面图

WAY OF THE SIGN II
LANDSCAPE INFRASTRUC
THE GREAT MOUNTAIN CRAGS OF SCOTLA

绿地滨湖国际城二期 4# 楼售楼处

GREENLAND ZHENGZHOU BINHU METROPOLIS 4# SALES CENTER

项目名称 _绿地滨湖国际城二期 4# 楼售楼处 / **主案设计** _颜呈勋 / **项目地点** _河南省郑州市 / **项目面积** _2500 平方米 / **投资金额** _1000 万元 / **主要材料** _木、LED 灯线、金属、发光玉石、蓝金砂石材等

A 项目定位 Design Proposition

郑州二七滨湖项目地处郑州市二七新区核心腹地，位于鼎盛大道以南、南四环路以北、大学路两侧区域，是集高层甲级办公、总部办公、商业中心、精品酒店、高端居住一体的大型城市综合体，具备新地标、国际、品质、现代奢华的新商业空间。

B 环境风格 Creativity & Aesthetics

设计灵感来源于：投射灯投光原理，通过投射灯把菱形网格投射到空间中，并通过 LED 灯线勾勒灯光轨迹，折曲、抽离部分墙顶面形成空间浮面折板的起伏效果也亦在 3D 视觉上形成菱面空间。

C 空间布局 Space Planning

室内设计围绕设计灵感，通过墙地顶不同部位的表现，形成多种立体面的折面效果，在对比的同时又相互搭配映衬，突破原建筑的限定空间。LED 灯带在墙面上细细勾勒，亦在表现时光交错的质感和与现代融合形成的碰撞，又似一种指引，让来到这的贵宾有深探其由的错觉。

D 设计选材 Materials & Cost Effectiveness

该项目以深色木饰面为主背景，在深色底面上勾勒发亮的 LED 灯线作为视线引导，并配以高反射金属材料、发光玉石、蓝金砂石材等材质，增加空间的层次感品质感。

E 使用效果 Fidelity to Client

售楼处给人休闲空间感觉，让人感觉温馨、舒适。

GREENLAND CENTER

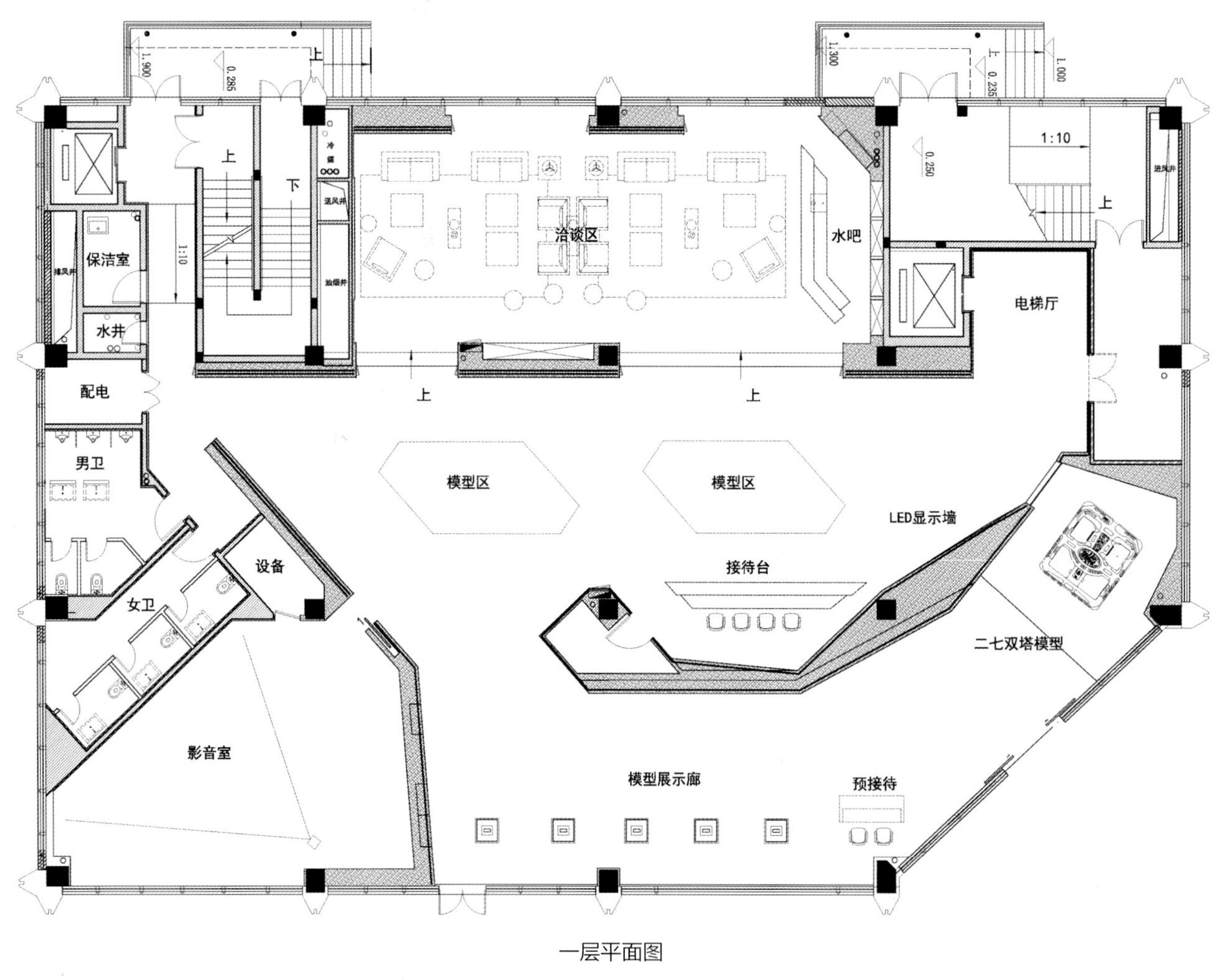
保洁室
水井
配电
男卫
女卫
设备
影音室
上
下
1:10
洽谈区
水吧
电梯厅
模型区
模型区
LED显示墙
接待台
二七双塔模型
模型展示廊
预接待

一层平面图

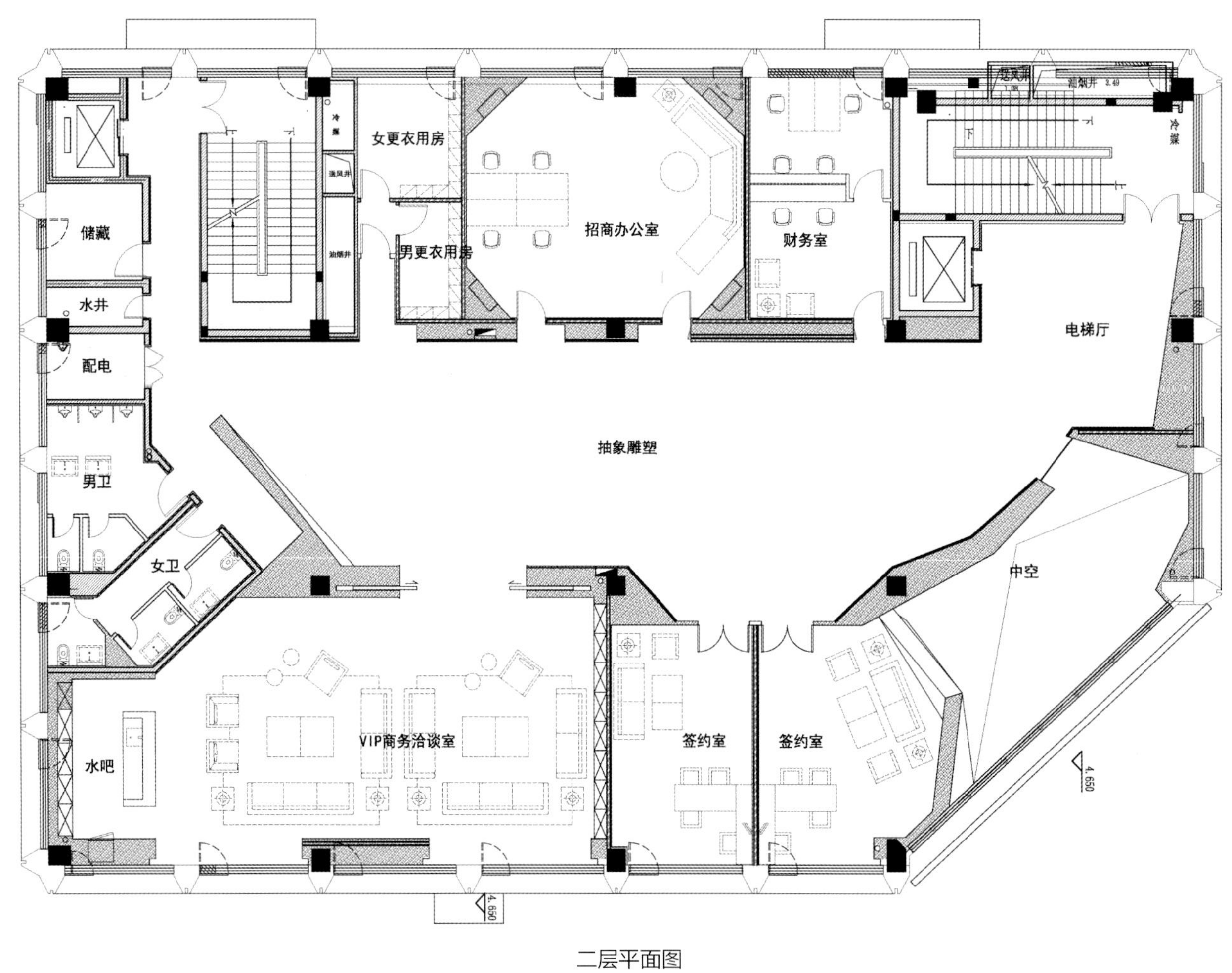
女更衣用房
男更衣用房
招商办公室
财务室
储藏
水井
配电
电梯厅
抽象雕塑
男卫
女卫
中空
水吧
VIP商务洽谈室
签约室
签约室
4.650
4.650

二层平面图

消火栓

泊居·上海东平森林1号别墅样板间

<BOJU>-SAMPLE VILLA,N0.1 DONGPING FOREST PARK,SHANGHAI

项目名称 _ *泊居·上海东平森林 1 号别墅样板间* / **主案设计** _ *朱东晖* / **参与设计** _ *杨志明、徐学敏* / **项目地点** _ *上海市崇明县* / **项目面积** _ *154 平方米* / **投资金额** _ *98 万元* / **主要材料** _ *素水泥、藤编、木作等*

A 项目定位 Design Proposition

自古文人皆爱泊居于世。屈原在离骚中以芳草自况；陶渊明爱菊采菊东篱下；王维独坐幽篁里；周敦颐爱莲出淤泥而不染……而生活在繁华喧嚣的当今世人，又何不尝试下“淡泊以明志，宁静而致远”的生活方式呢？

B 环境风格 Creativity & Aesthetics

选择一种亲近自然的居住氛围就是选择了最淳朴的居住气息，不为别的，只为返璞归真的生命本意。

C 空间布局 Space Planning

泊居定位中青年或小两口的度假会馆，自然舒适的日式风情别墅，空间布局设计上充分考虑了这部分人的生活方式，包括 SPA 房、泳池、烧烤，丰富多彩的生活方式都足以让每一个人心动。

D 设计选材 Materials & Cost Effectiveness

该项目在材质上采用了素水泥、藤编和木作来营造一种淳朴的居住气息，体现了设计师的独具匠心。

E 使用效果 Fidelity to Client

作品获 2015“金外滩”室内设计大赛最佳卫浴空间奖。

平面图

北京保利大都汇广场售楼中心

BEIJING POLY METROPOLIS PLAZA SALES CENTER

项目名称 _北京保利大都汇广场售楼中心 / **主案设计** _吴德斌 / **项目地点** _北京市通州区 / **项目面积** _996 平方米 / **投资金额** _500 万元

A 项目定位 Design Proposition

这是一场关乎"时空、能量、艺术"三者之间的对话，该项目将"编织城市"的设计理念引入室内，将接待前厅、洽谈区、VIP 区、通过"无界道"艺术廊区有机地编织在一起，旨在创造合理的规划组织设计，引入全新的生活理念，提升室内空间品质。

B 环境风格 Creativity & Aesthetics

作为该项目的销售中心需要的是在空间内充分表达该项目的性格和品质，旨在为城市年轻人群打造未来都市生活的体验中心。而与外部景观形成良好贴合的内部空间，选择以放射性的几何形状为主，通过这些极具视觉冲击力的几何图形传达着空间的动感与不竭的能量转换，也强烈释放着与项目如一的奔放、自信和明朗的性格特质。

C 空间布局 Space Planning

以完美的现代设计手法神奇地实现了一个三维空间内的能量转化，并将其在整个空间内流畅地传递，激活空间内的每一角落。正是艺术时空里那原始、纯粹的能量开启了 JLA 此次设计旅程的灵感源泉，在此基础上的创作是对"艺术空间美学"的精彩演绎——一个以面为中心的晶体结构中——营造出戏剧化和雕塑化的空间，JLA 的设计方案不仅操纵着空间内的光与影、虚与实，也使其与外部景观实现了绝妙的无缝融合。

D 设计选材 Materials & Cost Effectiveness

入口倾斜切割的背景墙与接待台为迎宾区，右侧柱子切割的石材贴面棱镜一样地从地板表面肆意地"长"出来并与天花造型相结合与之融为一体，引导来访者在艺术的时空里抵达"钻石"沙盘与主体休闲空间——即销售中心的核心区，而已完成迎宾任务的接待台，又摇身一变成为休闲区的水吧。当人们一路走到休闲区与"无界道"艺术展区，他们会惊讶地发现，"编织城市"的这一设计理念在空间里是如何将三维体量不经意地演变成一个戏剧化的艺术空间，并从内心深处尊重每位客户的洽谈隐私。销售中心最终呈现给世界的是一件满载动感、倾注活力与丰富想象力的晶莹的"可居雕塑"。

E 使用效果 Fidelity to Client

效果非常好。

POLY METROPOLITAN
保利·大都汇
POLY METROPOLITAN
保利·大都汇
保利地产 | 和者筑善

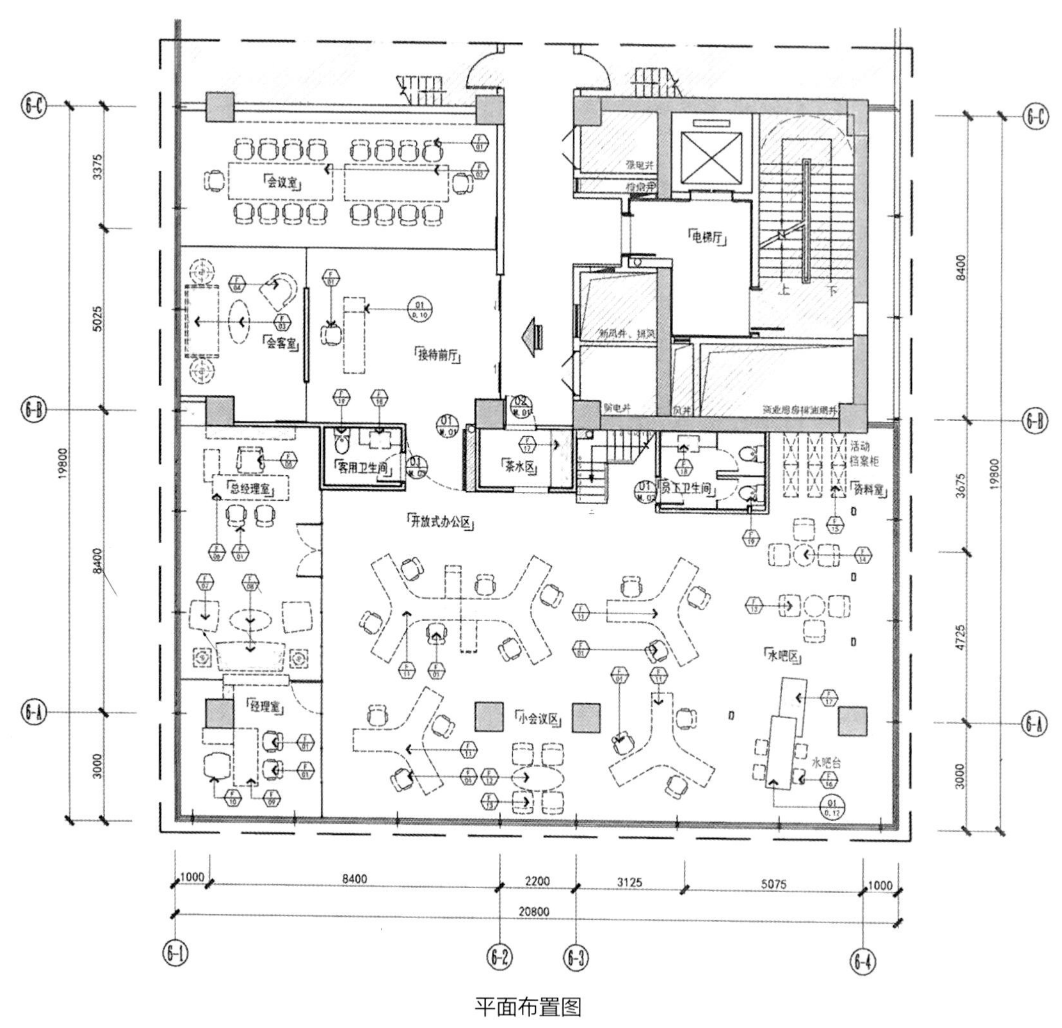

会议室
会客室
接待前厅
电梯厅
客用卫生间
茶水区
员工卫生间
活动档案柜
资料室
总经理室
开放式办公区
水吧区
经理室
小会议区
水吧台
3375
5025
8400
3000
19800
3675
4725
1000
2200
3125
5075
20800
6-C
6-B
6-A
6-1
6-2
6-3
6-4

平面布置图

显隐一瞬
FLASHING IN ONE MOMENT

项目名称 _ 显隐一瞬 / **主案设计** _ 许卫正 、廖振隆 / **项目地点** _ 台湾台中市 / **项目面积** _173 平方米 / **投资金额** _112 万元 / **主要材料** _ 石材、板材等

A 项目定位 Design Proposition

营造一个错落有致，在通透、开放中，又带有些许隐密感的谈话空间。如何在洽谈过程中，使客户顺利成交令他们满意的商品，是接待中心最重要的任务。

B 环境风格 Creativity & Aesthetics

在本案的设计中，设计师透过在矩形平面中植入菱形空间的配置，创造了丰富的空间层次与对话。

C 空间布局 Space Planning

外观上，处处可见实中带虚，虚中带实的立面设计。在玄关处一侧，安排墙面与大型LED 宣传板的播放，使整体入口区域产生厚实、稳重的效果，下方则藉由悬空的台阶，减轻厚重的量体给到访者带来的压迫感。玄关处的另一侧，则透过菱形切割的边缘，创造出被矩形量体包覆下的直角斜面，以一侧为墙，一侧为窗的方式延伸，产生实虚变化中的空间趣味。

D 设计选材 Materials & Cost Effectiveness

在材质的选择与色彩运用上，亦透过古铜金的饰带作为量体的包庇，搭配实墙上的石材丁挂，产生主次分明的建筑对话。沿着台阶而上进入接待中心玄关，一座扇形设计的柜台首先映入眼帘，透过室内菱形分割产生的转角空间，巧妙藉由弧形的仿石材桌面，产生亲切的扇形迎宾空间。柜台后方以繁复的板材切割，创造出树型的意象，两侧再铺以镜面投射，除了虚化墙面与天花之间的隔阂，亦制造出方中有圆、圆中有方的视觉效果。转入主要洽谈空间后，可见一个个被区隔开的菱形平面，形成了一圈一圈的连续拱圈，一侧作为洽谈空间，另一侧则作为过廊。

E 使用效果 Fidelity to Client

拱圈的设置，善用了菱形空间所制造的延续性效果，又可打破原先均直的垂直水平线条，在通透空间中，创造出丰富的视觉效果。灯饰部分，则巧妙地以家纹装饰嵌灯及水晶吊灯区隔洽谈空间与过廊两者之间的属性差异。

總太 東方悅
日出行館II期 河岸第一排

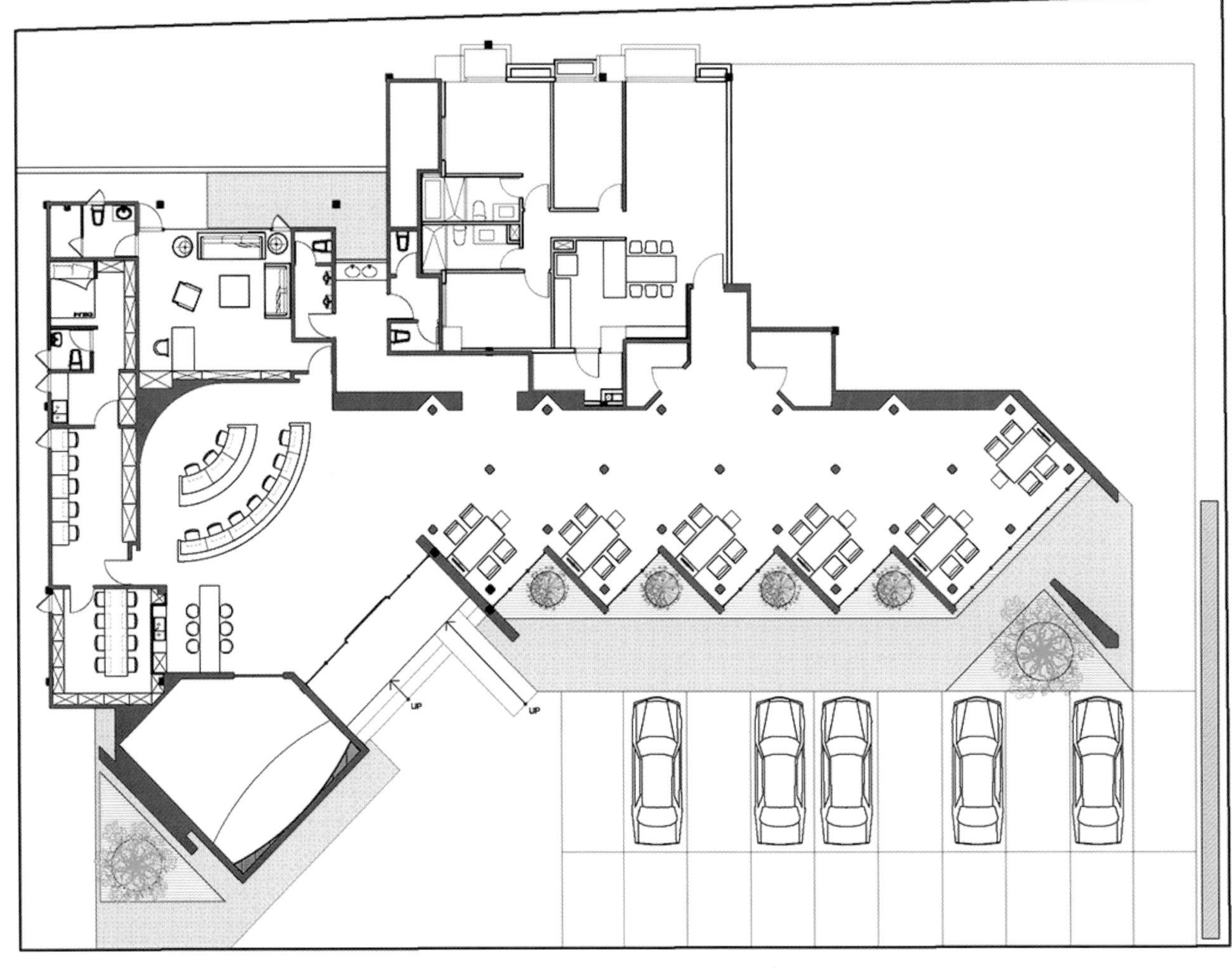

平面图

长白山中弘池南区项目售楼中心

CHANGBAI MOUNTAIN SALES OFFICE

项目名称 _ *长白山中弘池南区项目售楼中心* / **主案设计** _ *梁智德* / **项目地点** _ *吉林省吉林市* / **项目面积** _*5000 平方米* / **投资金额** _*2500 万元* / **主要材料** _ *老松木等*

A 项目定位 Design Proposition

项目位于长白山自然保护区，平衡当地经济的发展和自然环境的保护是该项目的重点。随着人们对旅游品质的不断提高，自然、原生态、地域性的旅游要求越发重要。该项目通过对自然环境的尊重、保护、开发，促使经济可持续发展的实施。该项目的设计也基本围绕“自然、原生态、地域性”而设计。

B 环境风格 Creativity & Aesthetics

因项目的地域和设计要求的独特性，设计的出发点是如何呈现长白山特有的自然风情和地域特性，空间的尺度较大，如采用原始粗旷的风格，施工和造价都难以控制，最后用现代的设计手法，通过老木材的岁月沉淀感与项目的“自然、原生态、地域性”主题呼应。中空大吊灯的设计理念为“一叶一世界”，苍穹之意，以诉对自然的敬意。

C 空间布局 Space Planning

项目的纬度较高，建筑向南面采用玻璃幕墙，以解决采光问题，但由于进深较大，三平层并不能解决此问题，所以空间布局上二、三层采用 U 型设计，中空位很好地解决了自然采光的问题，同时更好地增加了二三层对室外景观的观景面。

D 设计选材 Materials & Cost Effectiveness

木质材料的选择。有木饰面、木地板、新实木、老实木四种方向。木饰面和木地板难以体现与主题所呼应的原始粗旷自然感；新实木是不错的选择，但项目地的早晚气温相差较大，新的实木起翘现象十分严重；老实木为旧木材再利用，材料的本质效果与主题较为匹配，最后选用性价比不错的老松木，是项目最后品质的保证。

E 使用效果 Fidelity to Client

项目的整体效果和氛围很准确地体现项目 “自然、原生态、地域性” 主题，也得到了设计朋友、开发商以及当地政府的高度赞许。

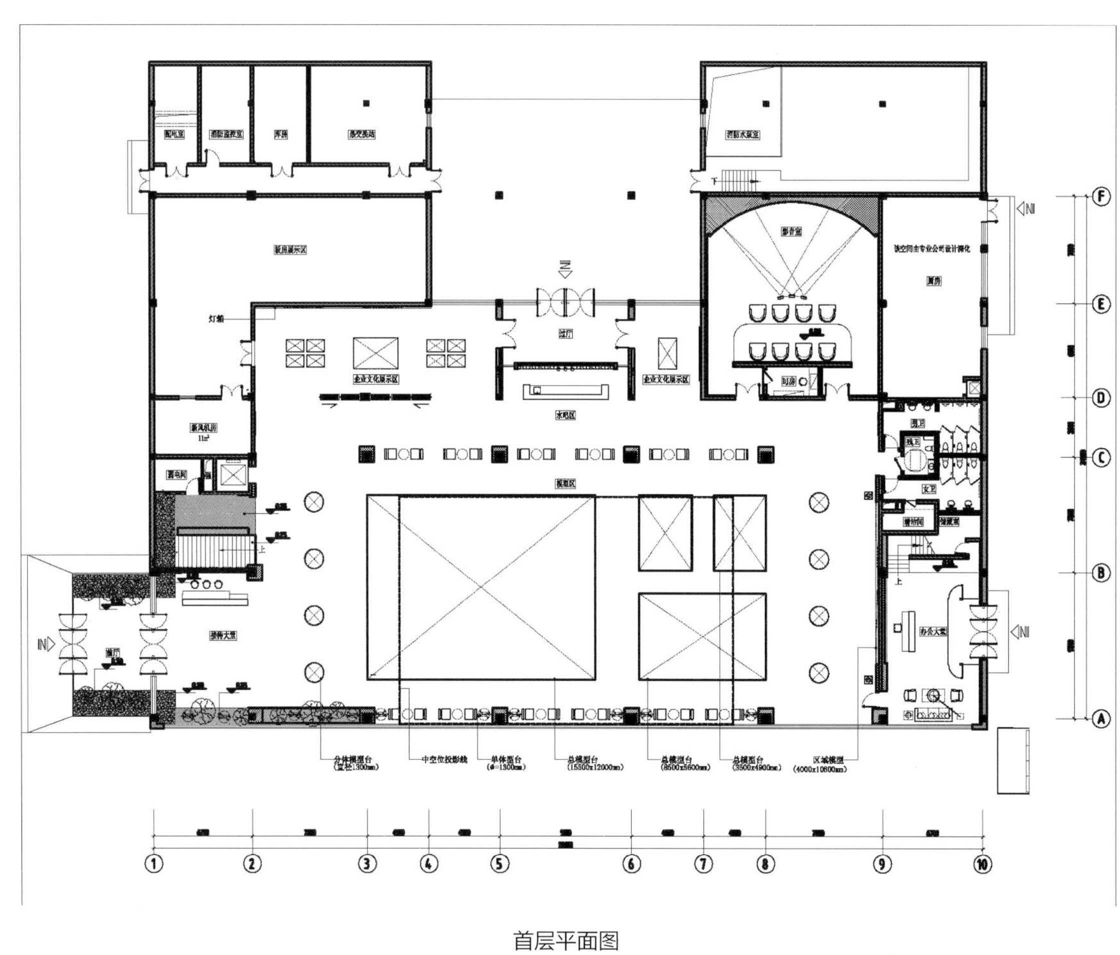

首层平面图

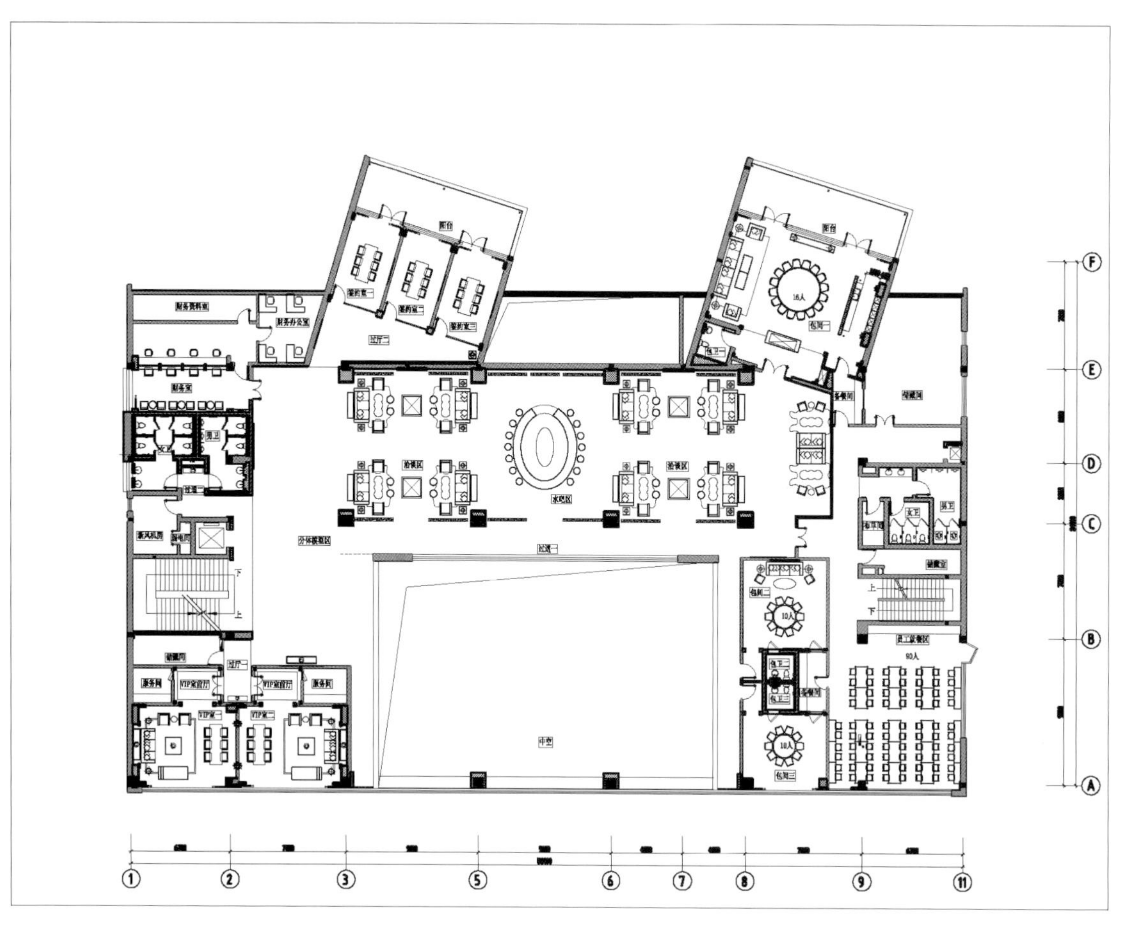

二层平面图

项目名称_交·点/**主案设计**_李渊/**参与设计**_韩琴/**项目地点**_陕西省西安市/**项目面积**_1300平方米/**投资金额**_500万元/**主要材料**_石材、不锈钢、木墙板、皮质墙板等

A **项目定位** Design Proposition

本案力求打造城市西区域内的领先样板项目，拉动本区域同类项目的平均水平，培养更为优质的市场环境。

B **环境风格** Creativity & Aesthetics

宽、窄两根平行线是贯穿整个设计的装饰元素，在六个位面的空间内不断重复和变化，并产生不同形态的组合，进而发生交叉和重叠，就似市场供需关系中无数交点，而这些点本身就是产品开发所必须密切关注的核心，本案希望以此来表达业主对该项目寄予的希望，矛盾与冲撞固然存在，但最终呈现的是令各方满意的效果。

C **空间布局** Space Planning

面对入口U形平面布置，除了考虑功能的连贯性，更希望参观者感受到被拥抱般的关怀和关注。

D **设计选材** Materials & Cost Effectiveness

石材提升品质感，不锈钢带来更加精致的效果，木墙板和皮质墙板的搭配使用更贴近于使用者的舒适感受。

E **使用效果** Fidelity to Client

参观者好评如潮，成为本区域的标杆项目。

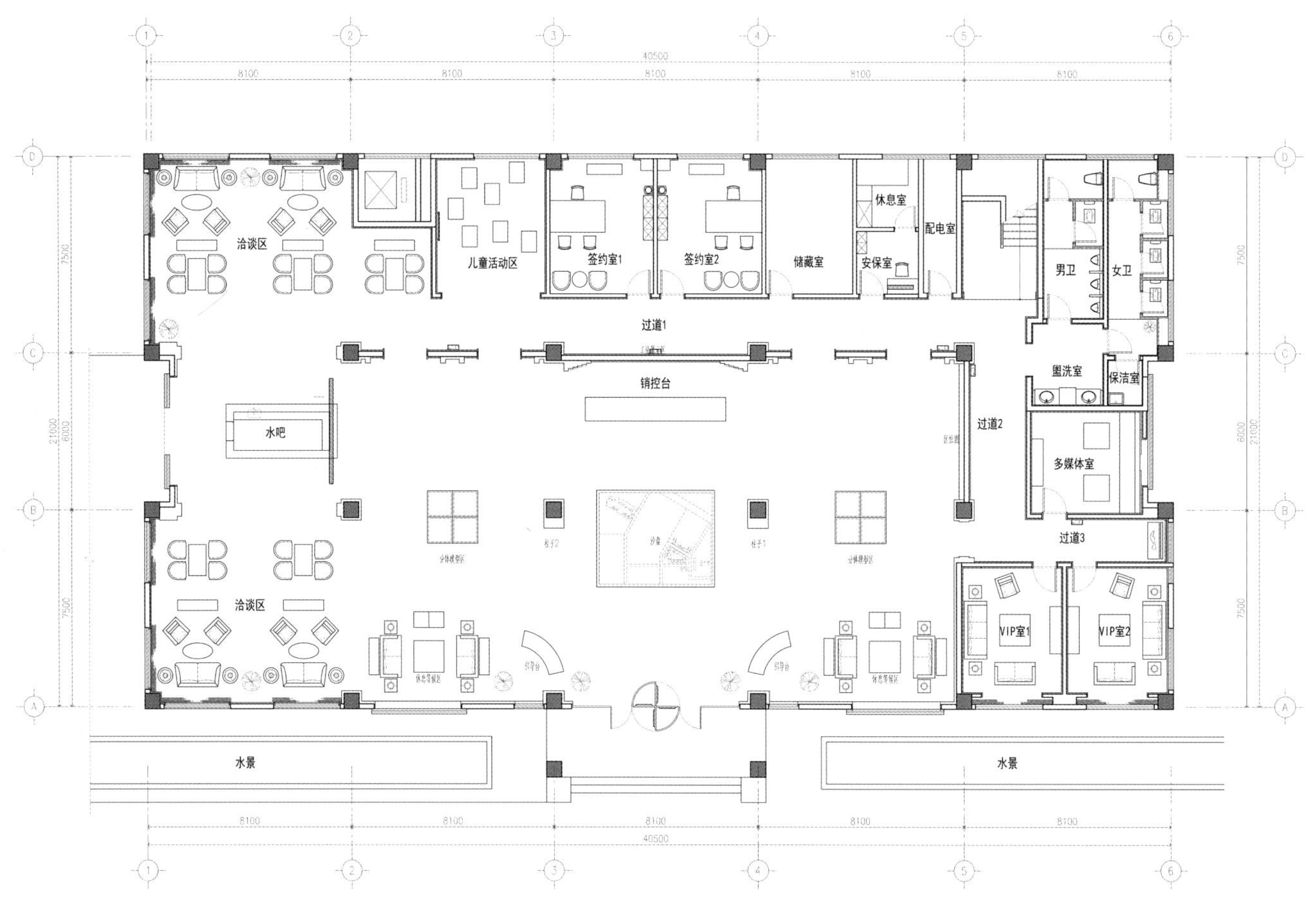

40500
8100
8100
8100
8100
8100
洽谈区
儿童活动区
签约室1
签约室2
储藏室
休息室
安保室
配电室
男卫
女卫
过道1
销控台
盥洗室
保洁室
过道2
水吧
多媒体室
过道3
洽谈区
VIP室1
VIP室2
水景
水景

首层平面图

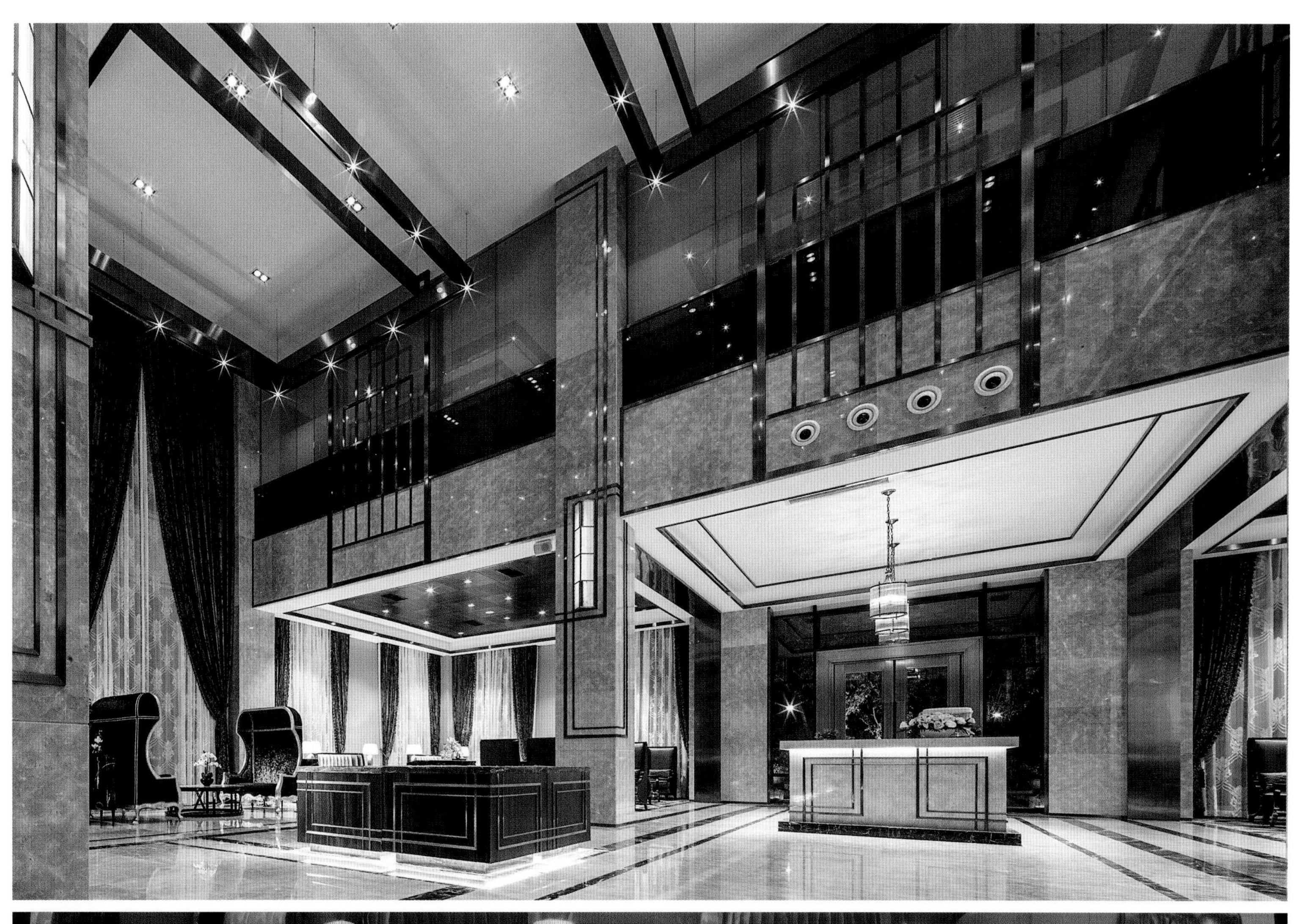

天津美年广场 LOFT 办公样板间

TIANJIN UNITED STATESINTHE SQUARE LOFTOFFICE MODEL

项目名称 _ *天津美年广场 LOFT 办公样板间* / **主案设计** _ *殷艳明* / **参与设计** _ *万攀* / **项目地点** _ *天津市河西区* / **项目面积** _ *260 平方米* / **投资金额** _ *60 万元* / **主要材料** _ *PVC 等*

A 项目定位 Design Proposition

案例的策划主要从客户实用角度出发，增强现场体验感及实用性，针对写字楼意向客户进行经营业态、办公区功能布局等对方面数据筛选，并针对部分具有代表性的客户进行考察，根据地理环境和市场需求定位为服装的贸易公司，区别于普通贸易公司，偏向更多的个性、时尚、年轻化。

B 环境风格 Creativity & Aesthetics

本案的空间设计追求时尚、简洁、商务舒适感强，主要针对办公室潮流趋势的发展，工作观念的改变，现代办公空间更多地着眼于体现工作与生活的有机融合、空间的更加开放和趣味性，以区别于其他方正、中规中矩的空间，在设计的构思中引入了"折面与交叉线形"的手法来打破传统的思维模式，以静制动，采用斜面切割和体块搭接的方式，让整个折面交叉的空间变得更加的灵活多变，充满节奏和律动感。

C 空间布局 Space Planning

一层：前厅前台接待、休息区、趣味办公区、开放办公区、洽谈区、会议室、形象展示区；二层：洽谈等候区、开放办公区、董事长办公室、橱窗展示区。

D 设计选材 Materials & Cost Effectiveness

选材上的突破主要是运用了 PVC 编制地毯，材质的质地柔软轻薄、色彩明亮、易于清洁，在整个黑白灰色系的空间当中，局部通过黄色、绿色的点缀为整个空间注入一份休闲惬意的气氛。

E 使用效果 Fidelity to Client

在搜房网刊登，同时有各大电视剧组选择这里作为场景拍摄场地。

SUVIFAIC

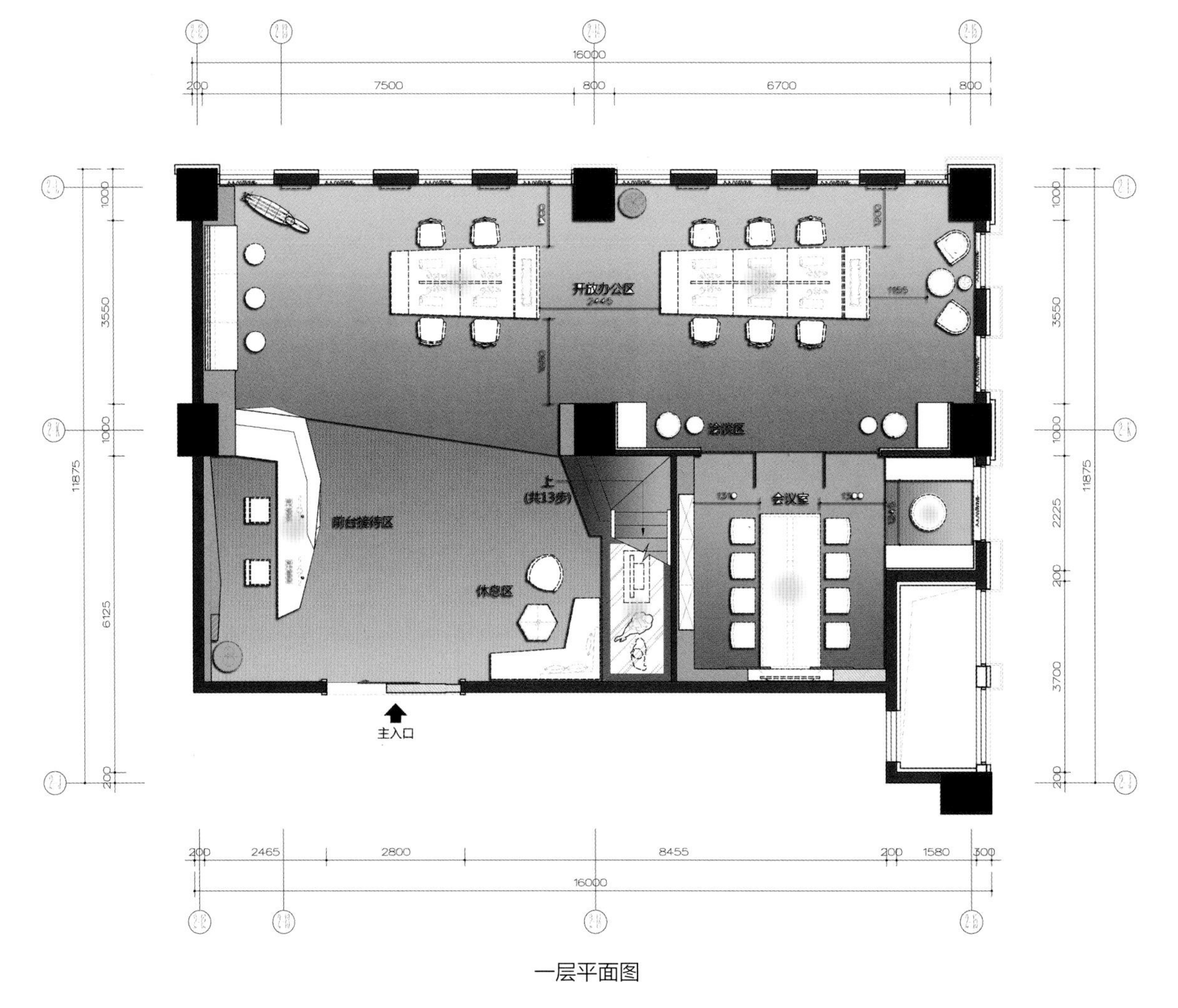
16000
200
7500
800
6700
800
开放办公区
洽谈区
会议室
前台接待区
上
(共13步)
休息区
主入口
1000
3550
1000
6125
200
11875
2225
200
3700
2465
2800
8455
200
1580
300
16000

一层平面图

Certificate
Rolex
Rolex

北京中粮瑞府 400 户型

THE GARDEN OF EDEN, BEIJING

项目名称 _ *北京中粮瑞府 400 户型* / **主案设计** _ *葛亚曦* / **参与设计** _ *周微、刘德永* / **项目地点** _ *北京市朝阳区* / **项目面积** _ *970 平方米* / **投资金额** _ *970 万元* / **主要材料** _ *大理石、青石等*

A 项目定位 Design Proposition

北京中粮认为他们的客群是先于他人逐渐意识到生活趣味的一群人，是不易被物质打动的一群人。而我们则认为文化就是生活世界，中国思维总是一些以经验、历史为支撑的生活现场，正在发生的当下，与物质无关。于是，我们一拍即合。 我们一直在说“生活美学”，我们始终坚持在做一件事，重建日常生活的神性。我们的创作、设计试图通过我们的独立记忆和体验创建一个经验的世界。

B 环境风格 Creativity & Aesthetics

谨慎的设计和敏感的陈设，悄无声息地开始，用双手完成一次平凡的升华，像砂石孕育成昂贵的珍珠。像尘埃，凝结生成磅礴的云雨；美好之物，折射着设计的心性，眼界、气度与襟怀。

C 空间布局 Space Planning

在保留传统中式风格含蓄秀美的设计精髓之外，将中式设计与当下居住理念与新技术新想法糅合，抛去繁冗，极简示人，表达人的精神诉求，呈现简约秀逸的空间，使环境和心灵都达到灵与静的唯美境界，迸发出更多可能性的联想。

D 设计选材 Materials & Cost Effectiveness

现代沉稳色调的沙发、贵气逼人的豹纹扶手椅交椅、火烧石桌对几巧妙并置融合，穿插有力量感的美国进口品牌 DENMAN DESIGN 纯铜边几和灯具，在比例、情绪和故事间平衡出了无限的舒适，链接起了空间的艺术性，将新中式的秀逸、力量与意趣呈现出来；餐厅强调用餐的秩序和礼仪，热忱迷人的朱砂红餐椅由设计师原创，铜色高级定制灯饰时尚瑰丽，水墨画质感清新，呈现艺术与生活的有机融合；卧室由再造品牌床榻，古董级茶几，设计将舒适功能和艺术品位融汇一起，同时将现代元素带入空间，穿插些许中式意向，铜质窗帘强调材料静逸微妙的触感，空间被赋予了变化的层次，细节之美温暖着忙碌的心灵；楼梯间墙面材质为新型的青石材料。

E 使用效果 Fidelity to Client

艺术与文化，结合当代国际元素，达成内在与外部的双重统一，以“象外之意，景外之象”，“韵外之致，味外之旨”诠释空间的文化精神。

CPM

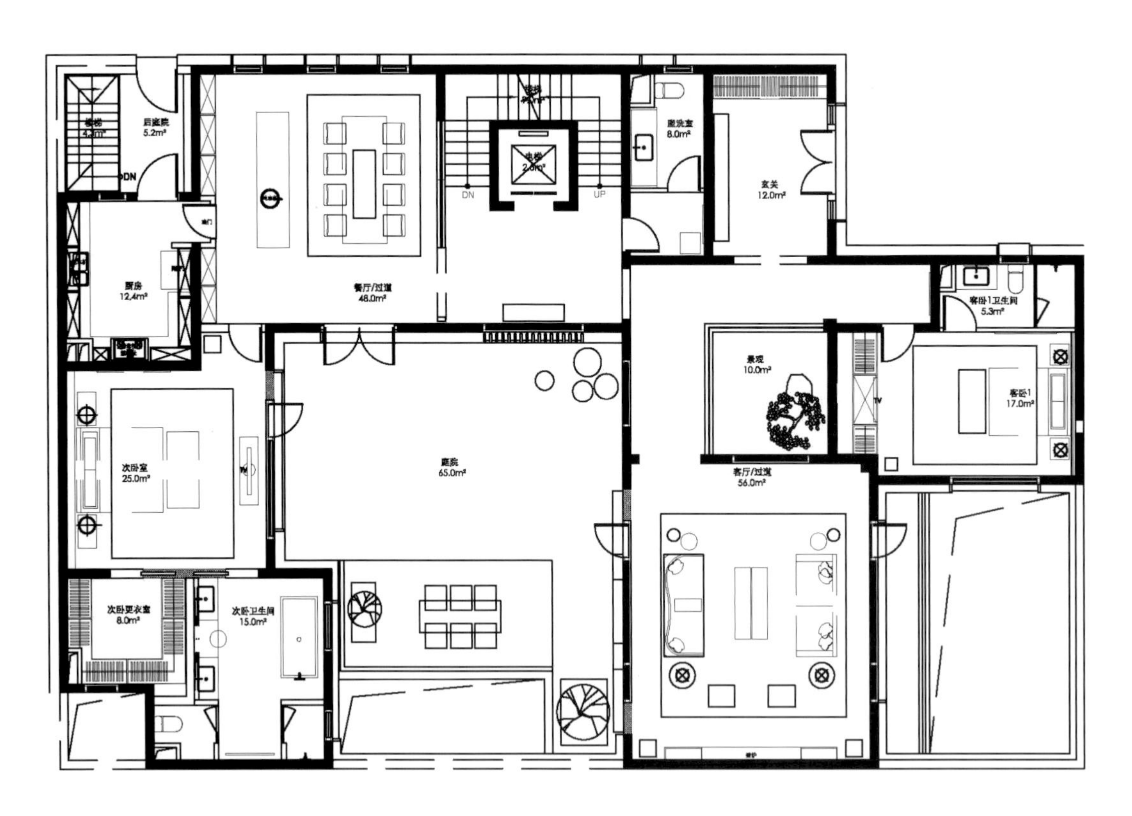

后庭院
5.2m²
DN
厨房
12.4m²
餐厅/过道
48.0m²
电梯
DN
UP
盥洗室
8.0m²
玄关
12.0m²
客卧1卫生间
5.3m²
景观
10.0m²
客卧1
17.0m²
次卧室
25.0m²
庭院
65.0m²
客厅/过道
56.0m²
次卧更衣室
8.0m²
次卧卫生间
15.0m²

一层平面图

RED DOT

莲邦广场艺术中心
LOTUS SQUARE ART CENTER

项目名称 _ *莲邦广场艺术中心* / **主案设计** _ *邱春瑞* / **项目地点** _ *广东省深圳市* / **项目面积** _*3000 平方米* / **投资金额** _*5000 万元*

A 项目定位 Design Proposition

整体建筑造型以“鱼”为创意，采用覆土式建筑形式，整个建筑与周边环境融为一体，外观像一条纵身跃起的鱼儿。该建筑与周边环境充分融合，覆土式建筑形式可供市民从斜坡步行至艺术中心顶部休闲娱乐，且同时可观赏到珠海、澳门景观。

B 环境风格 Creativity & Aesthetics

雨水回收：通过采集屋面雨水和地面雨水统一到达地面雨水收集中心，经过雨水过滤再利用输送给其他用途，如卫生间用水、景观用水和植被灌溉。 能源回收：建筑外墙体通过使用能够反射热量的低辐射玻璃，尽可能多地引进自然光，同时减少人造光源。建筑覆土式设计采用自然草坪，在一定程度上形成局域微气候，减少热岛效应、隔热保温，能够高效的促进室内外冷热空气的流动，降低室内温度到人体接受范围。

C 空间布局 Space Planning

整体项目从“绿色”、“生态”、“未来”这三个方向出发规划。从建筑规划设计阶段开始，通过对建筑的选址、布局、绿色节能等方面进行合理的规划设计，从而到达能耗低、能效高、污染少，最大程度地开发利用可再生资源，尽量减少不可再生资源的利用。

D 设计选材 Materials & Cost Effectiveness

首先考虑建筑外观以及建筑形态，在达到审美和功能性需求之后，把建筑的材料、造型语汇延伸到室内，并把自然光及风景引进室内，将室内各个楼层紧密联系，人文环境相互律动，是室内空间的节奏。

E 使用效果 Fidelity to Client

业主非常满意。

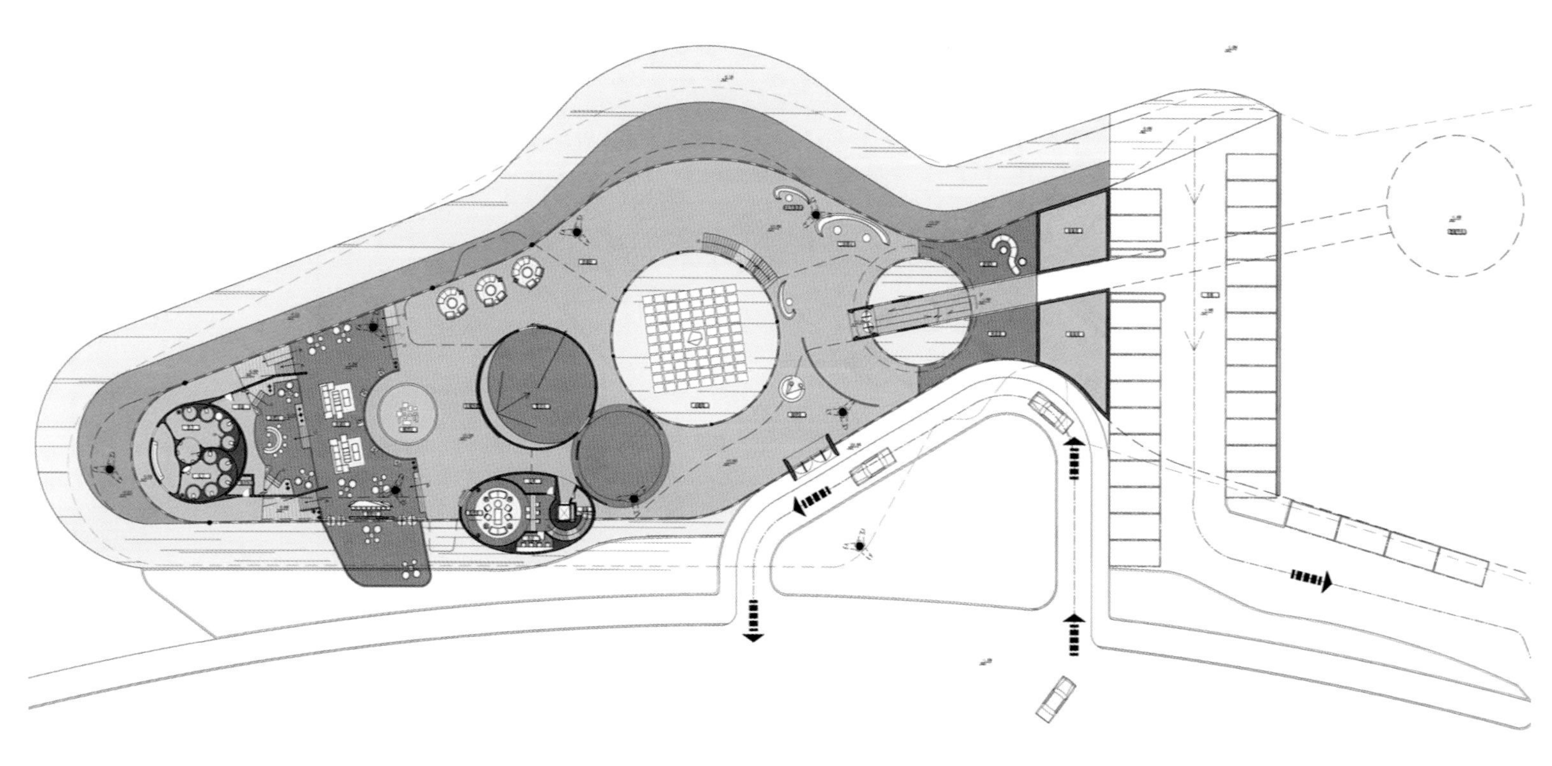

一层平面图

英伦骑士心·紫悦府B户型别墅

ENGLISH kNIGHTS HEART

项目名称 _ *英伦骑士心·紫悦府B户型别墅* / **主案设计** _ *韩松* / **参与设计** _ *姚启盛* / **项目地点** _ *河南省洛阳市* / **项目面积** _ *400平方米* / **投资金额** _ *440万元* / **主要材料** _ *木头、石材等*

A 项目定位 Design Proposition

这个世界如果没有理想主义，人生还有什么意义，我们整天抱怨满目的物欲横流，却也心安理得地沦陷其中。总是梦想着别人是否会蹦出来成为那个可以粉身碎骨的好好英雄，却从来没想过自己是不是可以成为任性一把的堂吉诃德。 我心中持续向往的骑士精神，他优雅而粗矿，谦虚温和又孤傲勇敢；外表理性严谨，逻辑清晰，内心狂野不羁，感情用事，为了理想和原则可以放下我执和贪念……. 我们今日缺失的，将来迟早要补上。

B 环境风格 Creativity & Aesthetics

英伦风格。

C 空间布局 Space Planning

空间序列，轴线关系。

D 设计选材 Materials & Cost Effectiveness

木包石的做法。

E 使用效果 Fidelity to Client

一致好评！

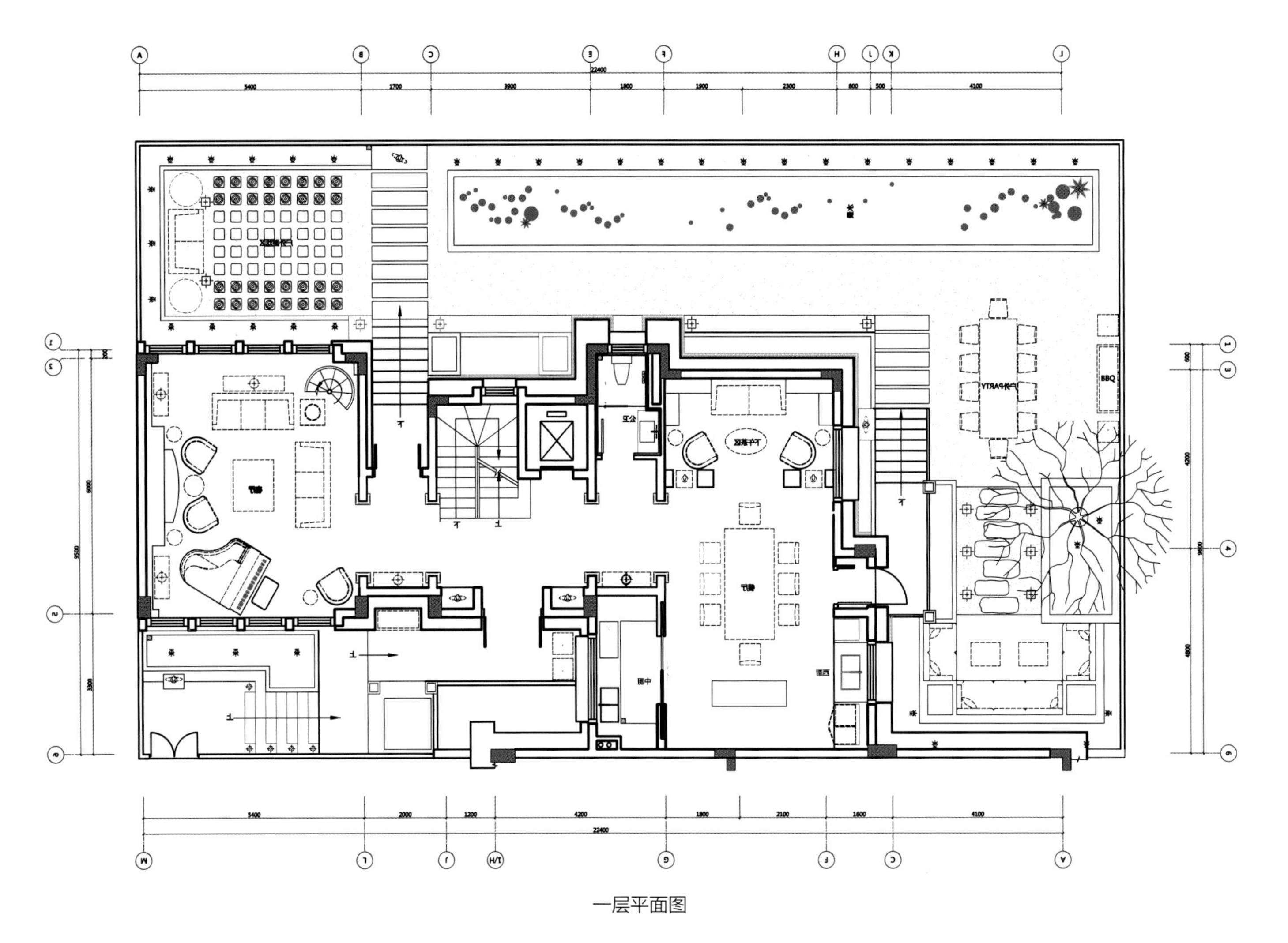

22400
5400
1700
3800
1800
1900
2300
800
500
4100
BBQ
5400
2000
1200
4200
1800
2100
1600
4100
22400

一层平面图

My box

庄生梦蝶·苏州建发地产中泱天成售楼处

JOSON BUTTERFLY DREAM

项目名称 _ *庄生梦蝶·苏州建发地产中泱天成售楼处* / **主案设计** _ *韩松* / **项目地点** _ *江苏省苏州市* / **项目面积** _ *550 平方米* / **投资金额** _ *275 万元*

A 项目定位 Design Proposition

无论个人或人类的发展都会经历两个过程。第一个过程即人性对动物性的超越，即文明、社会、规则、安全；第二个过程却是对人性的超越，往往体现为宗教或哲学上的形而上，或终极的神性。我个人理解为精神上人性束缚的自由和解放。而在当下社会的剧烈发展和变革中，我们每个人都无一幸免地时时刻刻经受着人生意义的纠解和拷问，茫茫宇宙，何处投人？普遍的精神困局来自于无法对人生现实目的性的超越，即超越功利、欲望、知识等一切的束缚。因为“我执”的无法放下，使这一过程何其艰难。碰巧读了“庄生梦蝶”的小故事，会意于庄周竟用如此浪漫诗意的智慧追求自由。虽然充满悲剧性的惆怅，但也让人读来神清气爽，希望满怀。作为设计师，我们常常会体悟到语言文字对人的智性的表达是有很多的障碍，而视觉表达作为一种语境，往往能摆脱这种困境。正好也借用这个小故事的灵感，让每一位来访的体验者都能有各自不同的说不清的愉悦和放松。当然我们也奢想而不敢妄言，能引起暂时的精神脱轨，思想的自由……如能此，我们的努力将善莫大焉。每个人都在追求人生的答案。每当我读到下面这段文字，心中充满透彻和感动。“南有悬樋，以成清水；近有林，以拾薪材，无不怡然自得。山故名音羽，落叶埋径，茂林深谷，西向晴空，如观西方净土。春观藤花，恰似天上紫云。夏闻郭公，死时引吾往生。秋听秋蝉，道尽世间悲苦。冬眺白雪，积后消逝，如我心罪障。”——方丈记

B 环境风格 Creativity & Aesthetics

保证各空间的独立性和完整性。

C 空间布局 Space Planning

增加全新的功能体验，在商业行为中加入文化和艺术气质。 增加孔家序列所带来的礼仪感，强化尊贵感和丰富的视觉空间体验。

D 设计选材 Materials & Cost Effectiveness

空间透叠。

E 使用效果 Fidelity to Client

一致好评！

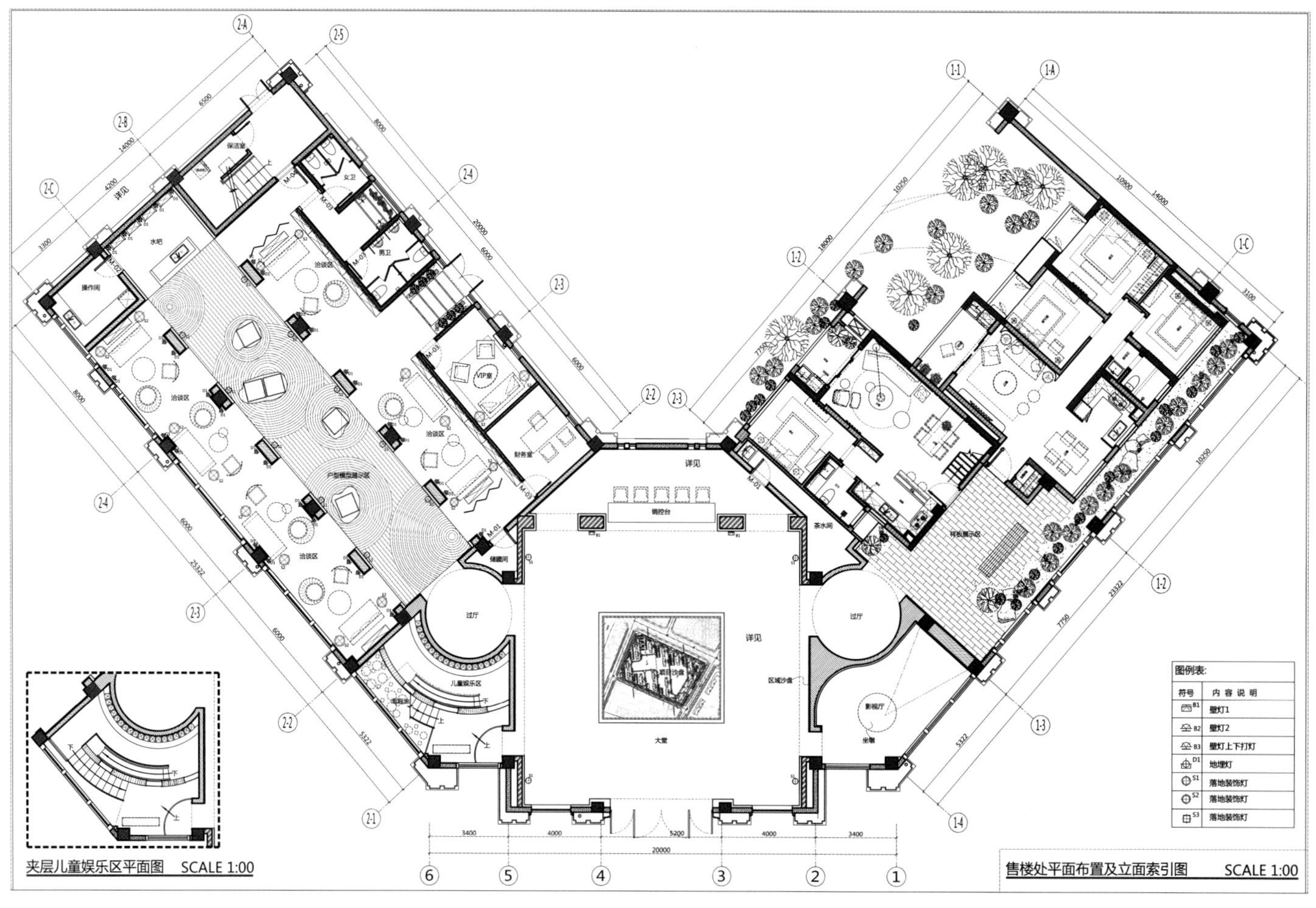
夹层儿童娱乐区平面图 SCALE 1:00
售楼处平面布置及立面索引图 SCALE 1:00
图例表:
符号 内容说明
壁灯1
壁灯2
壁灯上下打灯
地埋灯
落地装饰灯
落地装饰灯
落地装饰灯
过厅
大堂
儿童娱乐区
详见

一层平面图

SG·珊顿道销售中心
SG.SHENTON WAY. SALES CENTER

项目名称 _SG· 珊顿道销售中心 / **主案设计** _ 赵绯 / **项目地点** _ 四川省成都市 / **项目面积** _780 平方米 / **投资金额** _300 万元 / **主要材料** _ 亚克力等

A 项目定位 Design Proposition
该项目设计主题为时光公园，现代明快和简单的生活，让我们对于公园的记忆逐渐淡去，而高楼、马路和喧嚣陪伴着我们的生活一如即往，在时光流转的刹那，我们总想回到充满阳光和洒脱的从前，享受奔跑在乐园中的快乐。

B 环境风格 Creativity & Aesthetics
虽然身在都市楼宇中，我们总希望能带给自己暂时畅想在园中享受自然情景时的愉悦。

C 空间布局 Space Planning
转角处用别样造景来连接前后功能区，利用建筑地面的高差来组织交通动线让人拾级而上，在空间中制造柱和廊的形式又让人信步闲庭。

D 设计选材 Materials & Cost Effectiveness
亚克力材料来控制光影，塑造光的形体，用天然材料的原质感和肌理图案表达自然和时间给我们的感触。

E 使用效果 Fidelity to Client
无论是小坐洽谈，或去登高一观，还是实质阶段，都能在这回旋自如的室内园中自然发展。

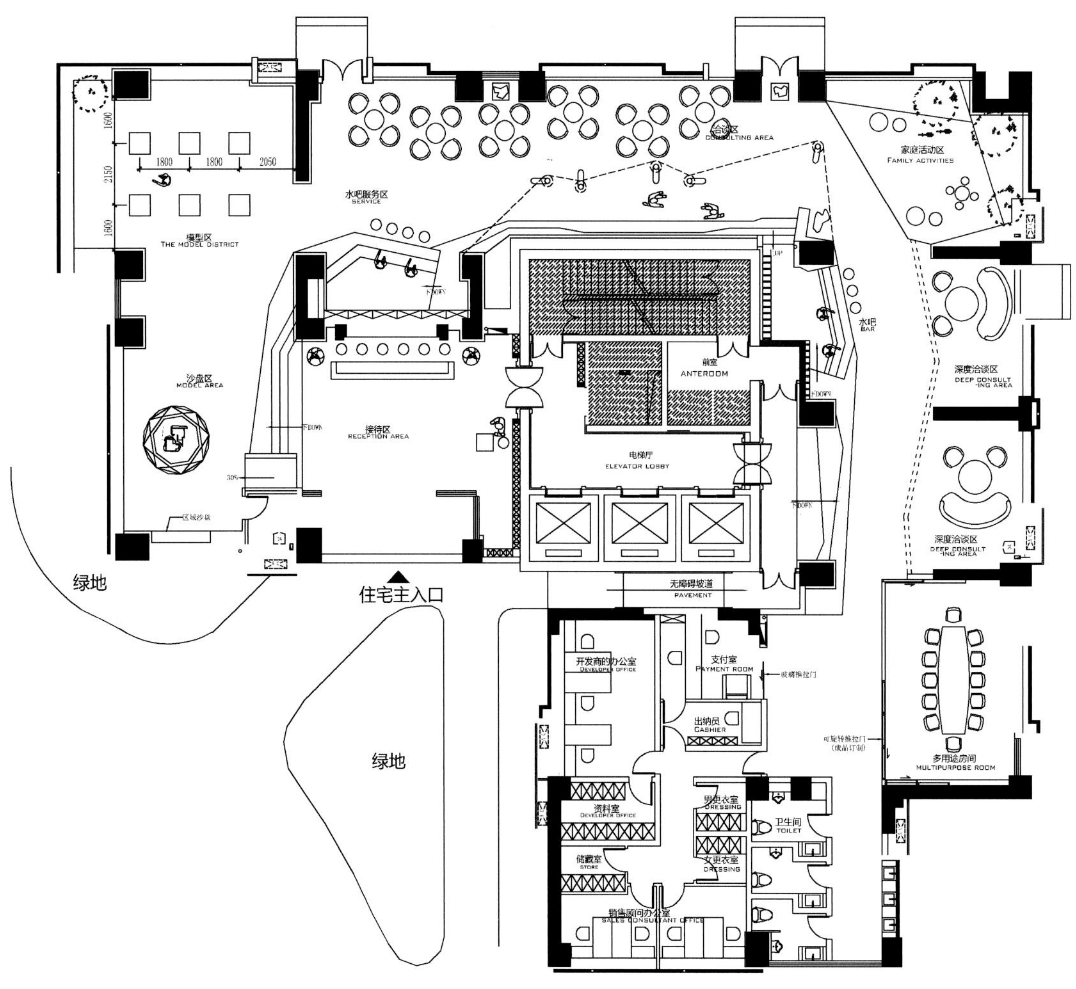

平面图

文殊院
文武路
江汉路
正府街
太升路
四号线
省金融服务区
骡马市商圈
西玉龙街
顺城街
IFS
春熙路

盖格威英语幼儿园
ENGLISH KINDERGARTEN

品生活
LIFE TASTE

项目名称_品生活 / **主案设计**_张祥镐 / **参与设计**_沈蕙萍 / **项目地点**_台湾台北市 / **项目面积**_80 平方米 / **投资金额**_80 万元

A 项目定位 Design Proposition

童年时期的回忆，有着最原始的纯真，让人莫忘原味生活，初心回归。材料搭接及复合媒材的精神脱离纯粹视觉欣赏的领域，从中探取深度，创造出空间概念，雅致更衣室，背墙面贴黑色烤漆玻璃搭配，台面绒布展现精品般的华丽，灯光点缀出每件单品时尚无可取代。

B 环境风格 Creativity & Aesthetics

设计，透过视觉与触觉感受空间应该有的包容与温度，依循着不同媒材的转化、衍生，探究其本质与风格的表现。流行的符码，可以借由空间构组元素主张、定义、强化，经由不同搭接手法，转述设计的美好。

C 空间布局 Space Planning

长向序列层次，原先空旷的平面藉需求的考虑界定布局，当空间位置大致底定，即是品味与生活的人文态度进驻。全案以沉淀的暗色系铺叙，源于张祥镐设计总监认为过黄的温暖色调容易造成空间 陈旧的视感，因此运用无彩度的灰、黑提振整体精神，提升空间骨感，构筑一室温润而沉静的生活场域。

D 设计选材 Materials & Cost Effectiveness

开放性的室内格局导引单纯的动线成立，大量的纵向组件演绎线性语汇拉长空间尺度，同时采取玻璃拉门于室内开阖游移，令室内各处皆可共享阳台的植栽绿意，仿如电影场景的布置，使空间衍生近、中、远的进深层次，而室内的素材以铁件、不锈钢、实木和石材细腻堆栈，于墙体之间交织都会人文的舒活宅邸。

E 使用效果 Fidelity to Client

隐于自然，都市人们成日穿梭水泥楼宇，心灵被生活压力追赶着喘不过气，偶想逃离城市喧嚣奔赴自然绿意，抒放压抑已久的情绪。本案位于新店郊区，在群山环绕的区域条件里，导入休闲会所式的设计概念，空间内涵汇集美学品味与人文个性，借此拔擢物质精神的生活水平，使干涸的心灵因此得到滋养。

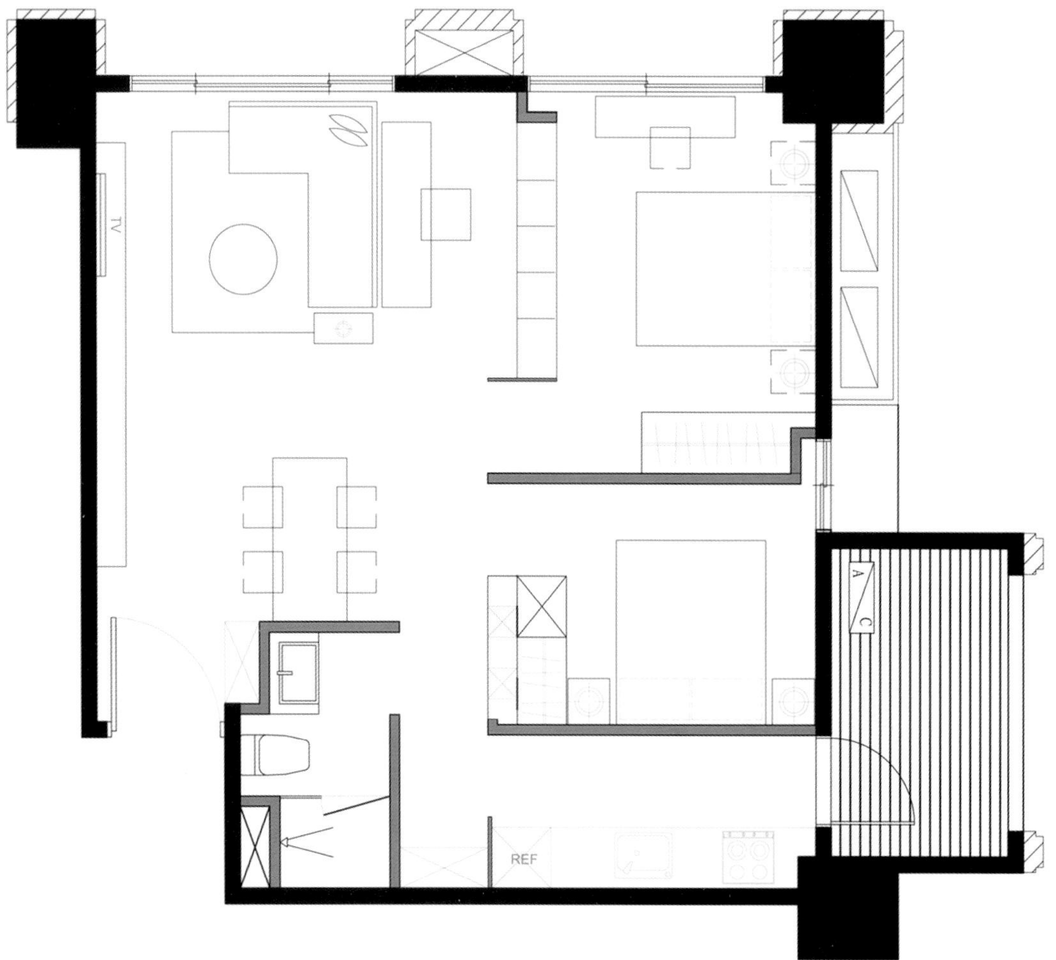

平面图

LOUIS VUITTON
CHANEL
PARIS

LOUIS VUIT
CHANEL
PARIS
CHANEL

中国华商集团销售会馆·城市地景

URBAN PAVILION

项目名称 _ 中国华商集团销售会馆·城市地景 / **主案设计** _ 邵唯晏 / **参与设计** _ 林予帏、王思文、庄政霖、李金沛 / **项目地点** _ 四川省成都市 / **项目面积** _2475 平方米 / **投资金额** _1000 万元 / **主要材料** _ 电膜玻璃等

A 项目定位 Design Proposition

城市地景。

B 环境风格 Creativity & Aesthetics

强调工艺性的室内地景 我们将室内的空间对象视为室外地景的延伸，并强调其工艺性(crafting)，不将空间的对象视为单一元素，而企图将其转换成一室内的地景。大厅天花的部份开了四个天井，将外部光线导入室内，并透过 3200 颗的订制灯具，透过数字等差的运算创造出如云彩般的灯海，晶莹剔透的玻璃珠在白天与夜晚都有着迷人的折射效果。另外，底端高十米的墙体，是透过由三角形断面随机运算所构成的一数大成美的既庄严又富趣味的视觉端景底墙。主楼梯的设计也是相同的理念，将展演舞台融入，创造出可配合活动使用的地景舞台楼梯，侧面的收边是透过不同进出面的构成来处理，透过细节的处理更说明了团队对于工艺性的追求。

C 空间布局 Space Planning

接口的解构与再定义在整体空间设计上我们企图透过解构与再定义来回应当代追求的艺术性与暧昧性，例如在男女厕所的平面布局上都有“两进”的设计，透过第一进的“挡”来缓合空间和增加私密性；而入口设计的部份则透过一“L”的造型将平凡无其的门共构成一整体，弱化“门”的元素而强调“入口”的意象，也解构再定义了传统认知上对于“门”的定义。

D 设计选材 Materials & Cost Effectiveness

对于“墙”这个空间中的重要元素我们也有许多想法，比如一楼会谈空间旁的第三道主墙体是将“中国华商集团”的“华”字，将其简体字转译后再随机运算所创造出一虚介质，既连结又阻隔内外间的对话。再者，二楼的会议室的主墙面，我们更直接地使用了数字控制的电膜玻璃，设计上我们将会议室的正面放在参观动线的视觉端景上，透过感应电膜玻璃产生的实虚变化来回应参观者的活动，当墙体的虚实开始与用户互动，若隐若现的接口重新诠释了内与外、私与公的关系，重新定义了“墙”这个重要的空间元素。

E 使用效果 Fidelity to Client

区域感的塑造。

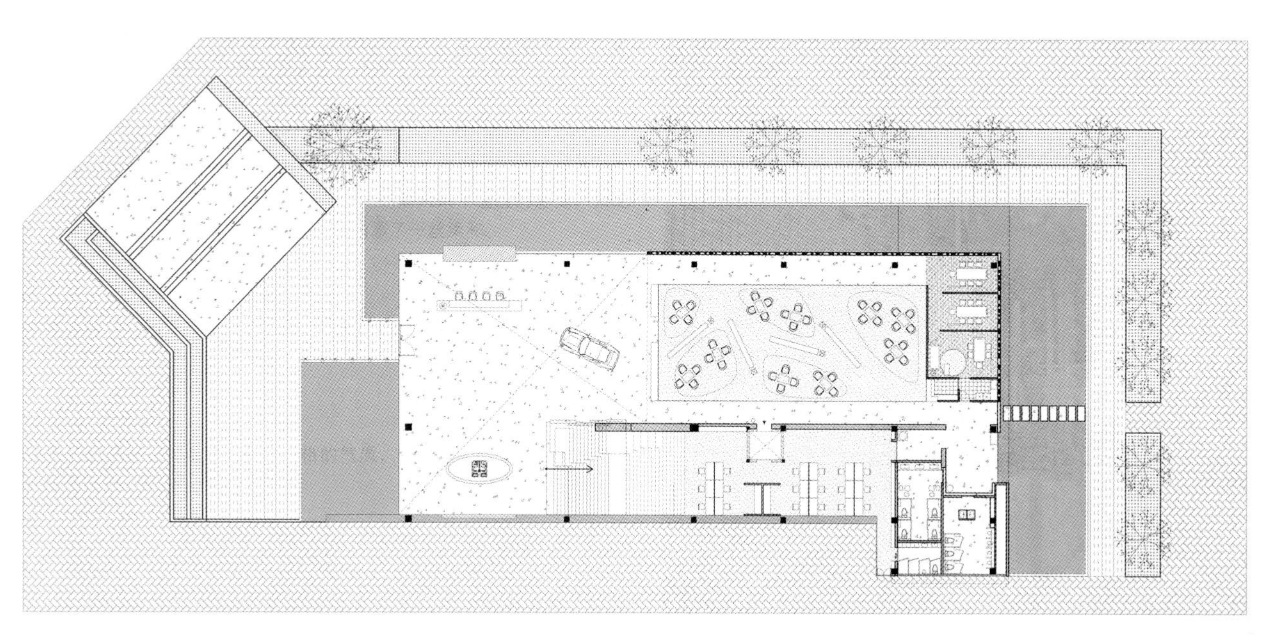

一层平面图

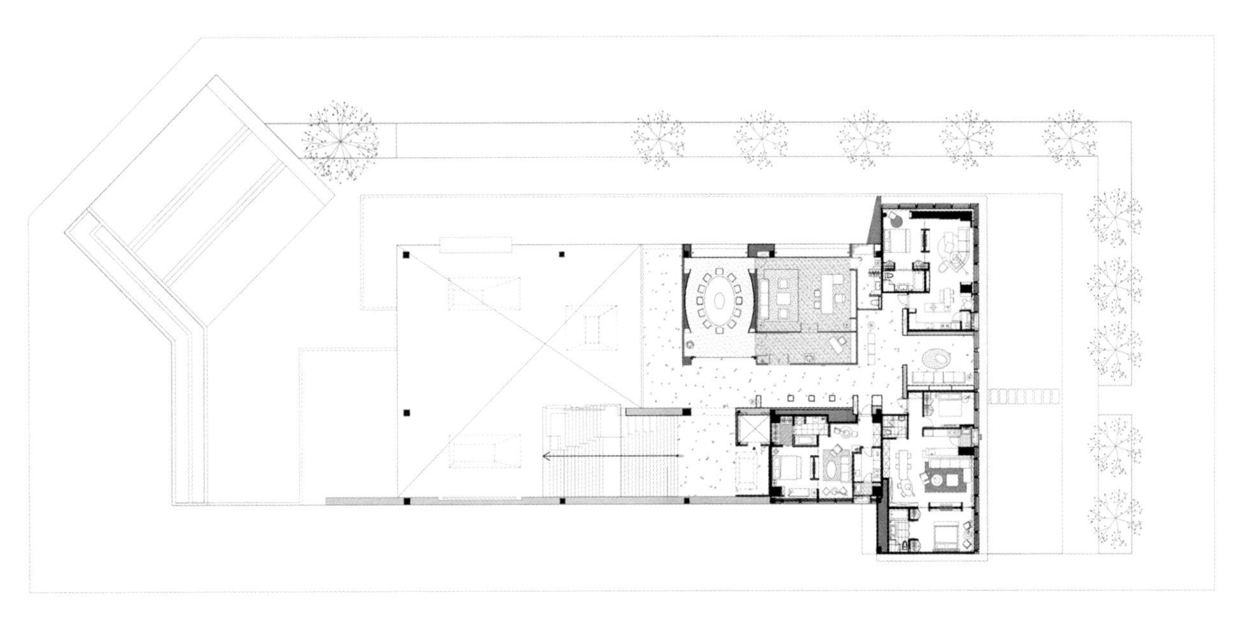

二层平面图

ALPACINO SCARFACE

Retail

零售空间

成都方所书店
FANGSUO BOOKSTORE IN CHENGDU
巴鲁特男装轻奢生活馆
BRLOOTE MEN'S LIFE
ISITCASA家具馆
ISITCASA N.EURO FURNITURE STORE
荣宝斋咖啡书屋
RONGBAOZHAI COFFEE BOOKSTORE
FORUS
FORUS
孤楼·ISSI设计师时装品牌集合店
THE LONE BUILDING (ISSI) DESIGNER CLOTHING COLLECTION STORE
逸舒之家2015少年宫店
THE HOME OF EASE AT CHILDREN'S PALACE IN 2015
林茂森茶行·新释甘味
LIN MAO SEN TEA STORE. NEW. RELEASE. SWEETNESS.

成都方所书店

FANGSUO BOOKSTORE IN CHENGDU

项目名称 _ *成都方所书店* / **主案设计** _ *朱志康* / **参与设计** _ *贾璐、黎流针、黎合* / **项目地点** _ *四川省成都市* / **项目面积** _ *5508 平方米* / **投资金额** _ *无* / **主要材料** _ *铜、铁等*

A 项目定位 Design Proposition

书不一定代表着文化，文化也不是只有书！方所不应该定位为一个书店，应该是一个乘载着智慧 / 文化 / 生活态度的殿堂，代表着希望，是一扇追求更高心灵质量的大门。

B 环境风格 Creativity & Aesthetics

这个商业项目是以大慈寺为中心，四周开发为商业街，方所书店位于商业街的负一层。大慈寺是当年中国唐代玄奘出家的地方，后来去西天取经。台湾设计师朱志康便想用这个典故作为书店的设计发想！像是中国人从过去就为了找寻古老智慧的发源地而苦心劳志，甘之如饴。本项目正好在地下室，就像是将全世界从古至今的知识都搬来藏在大慈寺地下，直到方所出现后被挖掘出来。鉴于此就有了一个创造埋藏已久地下传奇“藏经阁”的想法。藏经于洞穴的情境：大切割面的水泥柱，阁楼的藏书柜，穿越书柜中间的空桥及猫道。所有的材料都最原始朴实地呈现。

C 空间布局 Space Planning

在空间设计上面运用了很多高压后释放的设计手法，像是体会进入山洞时穿过神秘隧道，再看到主圣殿空间的惊奇！9 米的挑高，硕大的水泥柱，予人进入圣殿看到希望般的感动。方所书店带给人们的不只是其承载的文化、生活的态度，我们更想要为消费者创造的是一扇沉浸心灵，通往希望的大门。

D 设计选材 Materials & Cost Effectiveness

空间中大量使用的黑铁，表面是特殊防锈漆，不仅保护金属的表面，也保存了黑铁的样貌，另外室外的入口的装置，是以铜与铁为主要材质，再经过空气与雨水的洗礼，时间会在其上留下痕迹。

E 使用效果 Fidelity to Client

窝是四川人生活休闲的一种态度，他们到哪里都要有“窝”的空间，不论是郊游登山、逛街购物，都要打牌、聊天、喝茶、喝咖啡、吃点心这样能坐下来的地方，所以我们设计了很多能坐下来的角落，可以窝在那儿看书，静静地感受书和心灵。

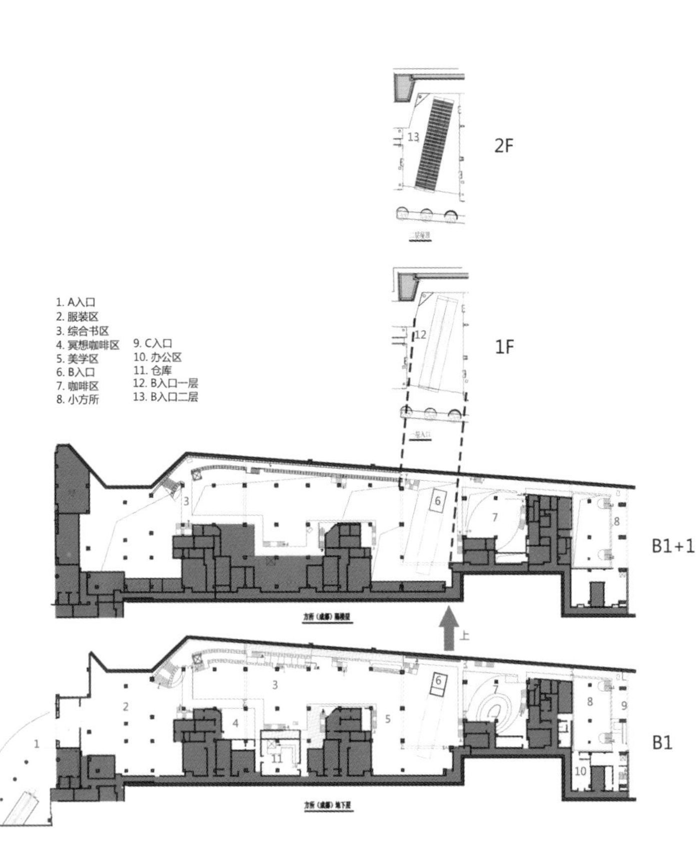
1. A入口
2. 服装区
3. 综合书区
4. 冥想咖啡区
5. 美学区
6. B入口
7. 咖啡区
8. 小方所
9. C入口
10. 办公区
11. 仓库
12. B入口一层
13. B入口二层
2F
1F
B1+1
B1

总平面图

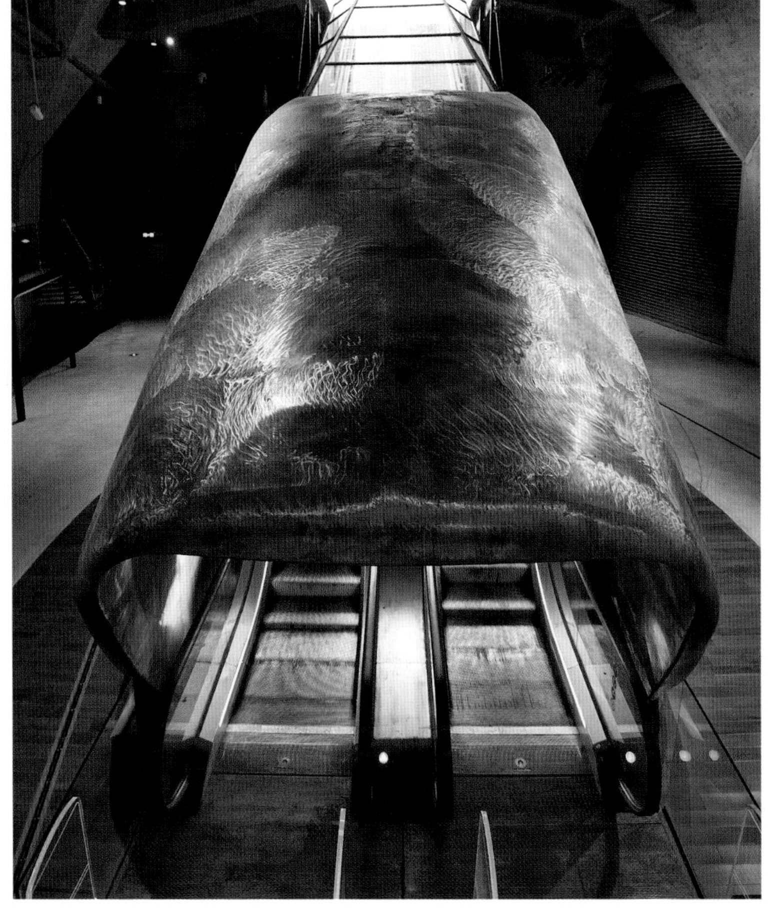

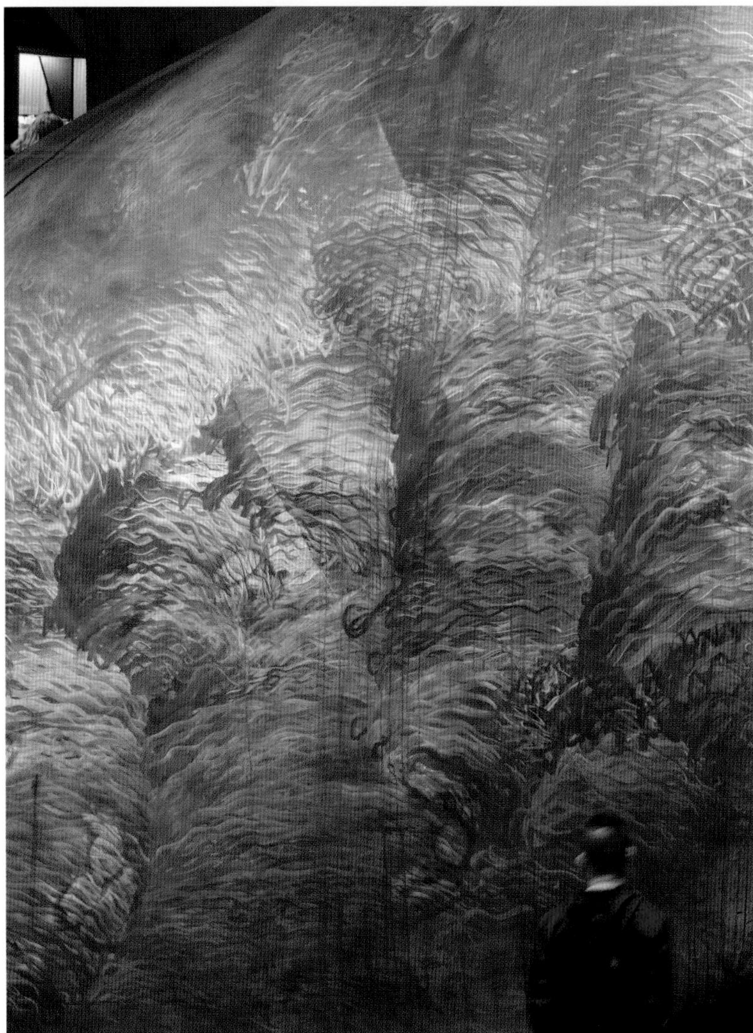

巴鲁特男装轻奢生活馆

BRLOOTE MEN'S LIFE

项目名称_巴鲁特男装轻奢生活馆 / **主案设计**_谢银秋 / **参与设计**_徐梁 / **项目地点**_浙江省金华市 / **项目面积**_280 平方米 / **投资金额**_65 万元 / **主要材料**_水泥、钢材等

A 项目定位 Design Proposition

巴鲁特男装轻奢生活馆坐落于绍兴柯桥万达广场这座时尚大卖场之中，独特的冷酷风格让巴鲁特男装在这座时尚大厦里独树一帜，自成一派，也让来往的人们眼前一亮，欲探其妙。

B 环境风格 Creativity & Aesthetics

灰空间的旋律在这个空间里相互交织，硬朗的线条、裸露的材质，无一不在叫嚣着巴鲁特的独一无二。整个空间的设计，是巴鲁特男装的延生和续写。

C 空间布局 Space Planning

用建筑的方式来表现空间结构，几何造型的楼梯是这个空间的一大亮点，既连接了上下层空间，又含蓄地做了遮挡，避免了一目了然的无趣感。钢筋网架半通透的感觉，搭配绿植，很好地起到了氛围效果，在整个硬朗的空间内由增添了一丝柔和。

D 设计选材 Materials & Cost Effectiveness

设计师采用原始的建筑材料，水泥与钢材的碰撞，硬朗的风格处处彰显着男士的沉稳与内敛。

E 使用效果 Fidelity to Client

巴鲁特男装轻奢生活馆以其出众的设计，别具一格的气质，吸引了大批顾客的青睐，不停地引领着男士的轻奢时尚。

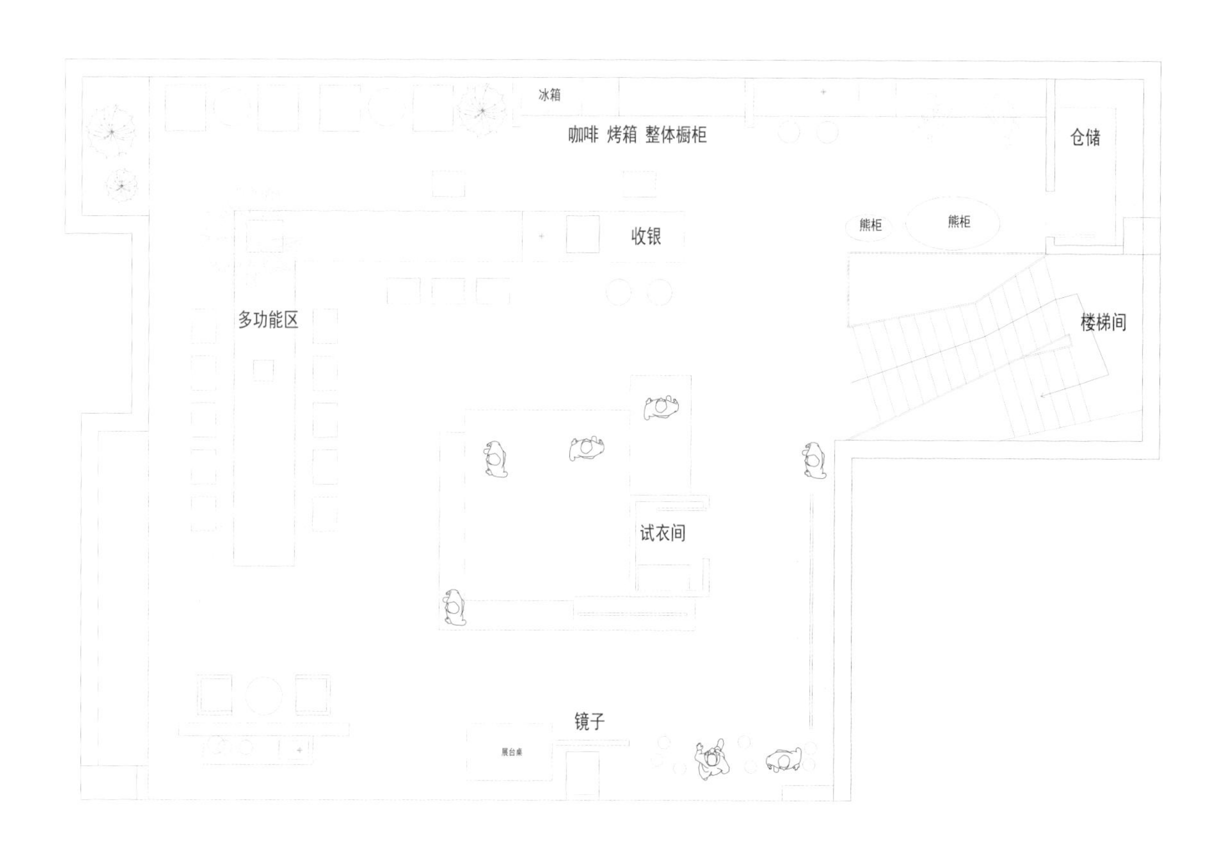

平面图

ISITCASA 家具馆

ISITCASA N.EURO FURNITURE STORE

项目名称 _ISITCASA 家具馆 / **主案设计** _ 洪文谅 / **项目地点** _ 台湾台北市 / **项目面积** _198 平方米 / **投资金额** _60 万元

A 项目定位 Design Proposition

设计，从生活需要谈起，想要与需要不同，生活应该是简单的，在了解行为模式、互动情感之后，将“需要”透过设计落实。

B 环境风格 Creativity & Aesthetics

空间不过于琐碎或分割，藉由流动的动线，一步一景地透过视觉传递，触及内心对于生活的深度情感，改变家具陈列尺度，也将 PP MØBLER 的手作精神态度与设计涵养呈现，从悠缓推开大门、嗅得满室木香开始，即心领神会。

C 空间布局 Space Planning

串联人与生活、与情感、与自然的生成关系，室内回字型的动线概念，取自生生不息的寓意，要让眼光及感受都是舒畅、无压、且悠哉的，感受生活、享受生活。这是对于在 ISITCASA 每个品牌背后设计者的一种虔敬之意。去化商业店头的展示窠臼，以“家”的方式，温暖地迎接欣赏目光，也是我们回馈他们热衷于手作精工工艺的一份关切与感念。

D 设计选材 Materials & Cost Effectiveness

材料的运用，是在“设计不必要做得比它所需要的还复杂”的理念下进行。我们“用最少的材料来完成一件作品”，以秩序性的方式呈现，不是单靠材质的特性或颜色的加持，简化媒材，其实是在反映一种不争的生活态度。

E 使用效果 Fidelity to Client

在空间里，自然呈现北欧经典家具的原创精神，给予角落或区域聚焦的所在，白色与原木的温润共鸣，PP MØBLER 的 PP512 伫立其间，成为 ISITCASA 与人的第一印象。由着阳光自绿叶间筛落而下的疏落光影，1:5 纯粹手作模型精工，解构 Hans J.Wegner 的设计初衷，率先藉由清玻屏障，与人四目相交。

ISIT
CASA
INTERIOR DESIGN

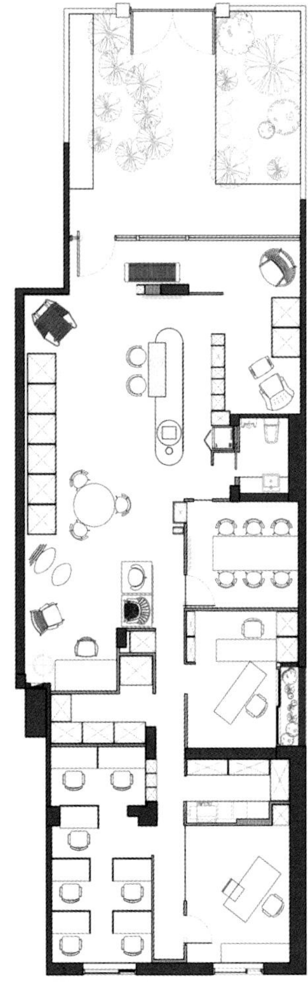

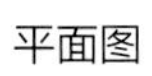

平面图

TAIPEI
DENMARK

荣宝斋咖啡书屋
RONGBAOZHAI COFFEE BOOKSTORE

项目名称 _ *荣宝斋咖啡书屋* / **主案设计** _ *韩文强* / **参与设计** _ *杨滨林、黄涛、李云涛* / **项目地点** _ *北京市西城区* / **项目面积** _ *293 平方米* / **投资金额** _ *100 万元* / **主要材料** _ *铁等*

A 项目定位 Design Proposition

项目位于京城知名的琉璃厂古文化街街口，原本是一家经营中国书画出版物与古籍图书的书店。荣宝斋咖啡书屋就是尝试将书屋与咖啡厅进行业态混合，以复合的经营模式和多样的体验来吸引更多的读者参与。伴随着一杯浓香的咖啡，人与人、人与书、人与自然交流对话，营造慢节奏的轻松、舒适的阅读环境。

B 环境风格 Creativity & Aesthetics

为了改变传统书店粗重、刻板的形象，新的设计利用通透、轻盈的铁制书架整合功能、交通、设备与照明，并将绿色植物置入其中，使得新的内部空间界面更加连续开放和富于生机。

C 空间布局 Space Planning

基于建筑原有的柱网，室内呈现出环状的空间结构：中央区域为岛式空间，周边为铁制书架墙体。首层中心岛做为收银台及咖啡操作台；二层由调光玻璃围合成一个发光的盒子作为会议室。调光玻璃可改变内外的透明状态，让会议室使用更加灵活。中心岛通过软膜天花形成均匀的整体照明，宛如室内的灯笼，而咖啡座则围绕中心散布于周边。

D 设计选材 Materials & Cost Effectiveness

铁制书架采用 1cm × 1cm 的实心铁条作为竖向支撑，1cm × 30cm 的铁板作为层板，利用激光切割裁切掉每层立柱的切口，之后由下至上依次焊接完成。穿插于铁质书架之间的植物既能让读者感受到自然，同时可以有效调节室内微气候。植物盒底部安装LED灯带，可为阅读提供间接照明。室内植物主要选择喜阴的蕨类植物，高处的植物盒里布置了攀缘灌木。而香草类的薄荷，碰碰香等小型植物则放置在窗前及咖啡桌上。咖啡书屋将成为人们在琉璃厂逛街购物之余一处新的休闲之所。安坐其间，咖啡、书籍、植物与人共处，室内弱化成一个环境背景，成为激发人的体验和感受的场所。

E 使用效果 Fidelity to Client

这条街目前只有买卖书画的商店，书屋将是这条街第一家人可以坐下来喝咖啡的书店。改变完全的目的性消费模式，变为体验式，看书和喝咖啡，就是一处休闲场所，补充所在场地单一的业态模式。

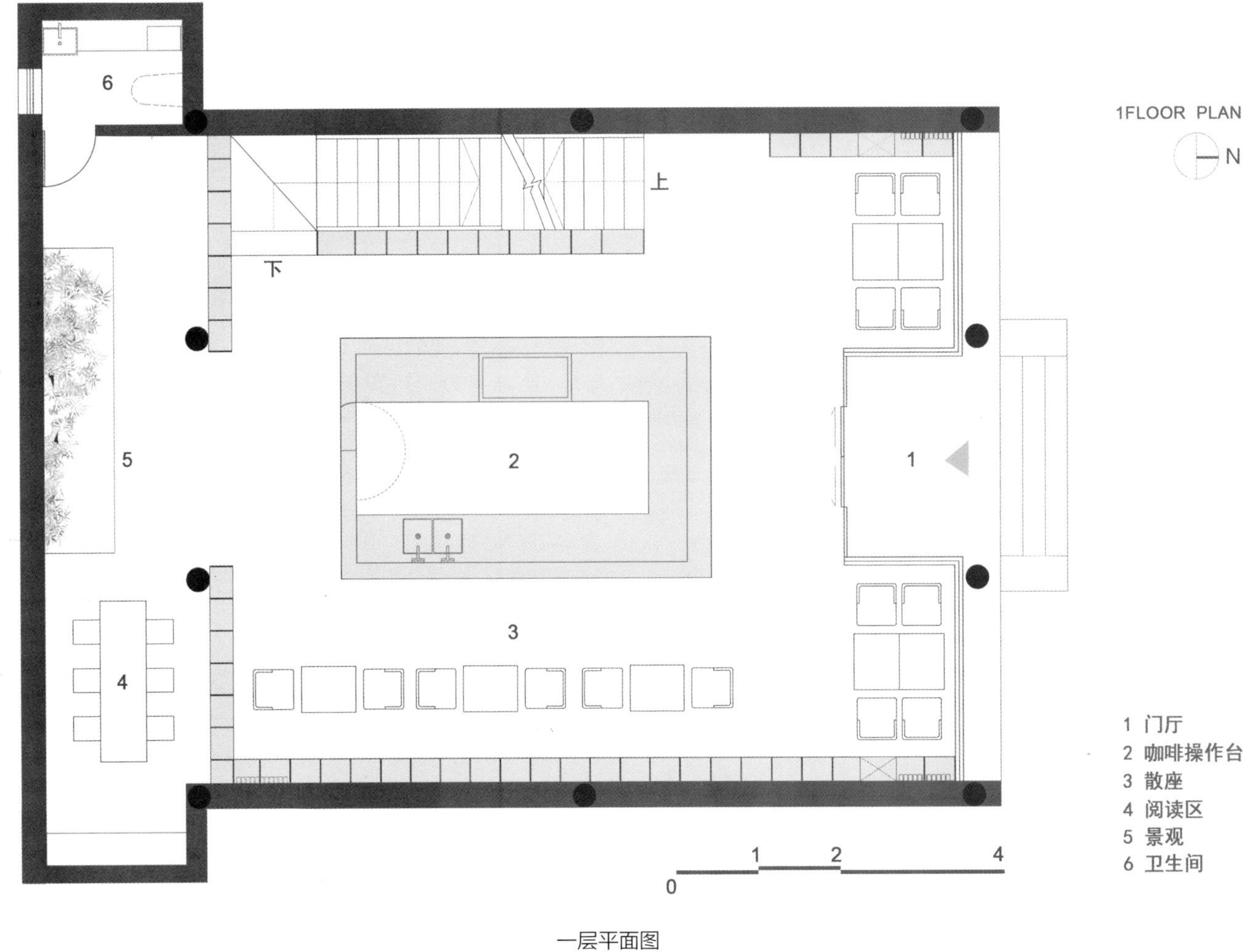

一层平面图

藝術品

FORUS

项目名称 _FORUS / 主案设计 _ 李超 / 参与设计 _ 朱毅、庄养涛 / 项目地点 _ 福建省福州市 / 项目面积 _300 平方米 / 投资金额 _30 万元 / 主要材料 _ 钢化玻璃、墙纸、花砖等

A 项目定位 Design Proposition

业主"Forus"为高端定制的婚纱机构，设计师根据该婚纱机构的针线及蕾丝等元素，结合了建筑 Loft 的工业风格，思考如何将蕴含于空间内的空间本质挖掘而出。

B 环境风格 Creativity & Aesthetics

设计师最后将糅合后的婚纱浪漫感性元素及 loft 工业风的粗犷硬朗元素散碎在空间中，两者结伴同行相映成趣。

C 空间布局 Space Planning

入门的异形玄关墙，背后是定制婚纱的工作室，工作室入门是镜面旋转门，另一侧是透明的钢化玻璃，工作室的上方是独立的休闲区。

D 设计选材 Materials & Cost Effectiveness

整个空间中门头的立体钢架及内部钢架的结构，通过不同类型的玻璃——钢化玻璃及镜子的穿插运用，配以蕾丝花纹的墙纸、混搭抢眼的花砖，将空间封装在其中，立体干净的结构是该空间诉说的主题。

E 使用效果 Fidelity to Client

异形的门头造型吸引了不少路人驻足观看，内部空间的风格特点更让客户耳目一新，留下了深刻的印象。

FORUS

FORUS
FORUS

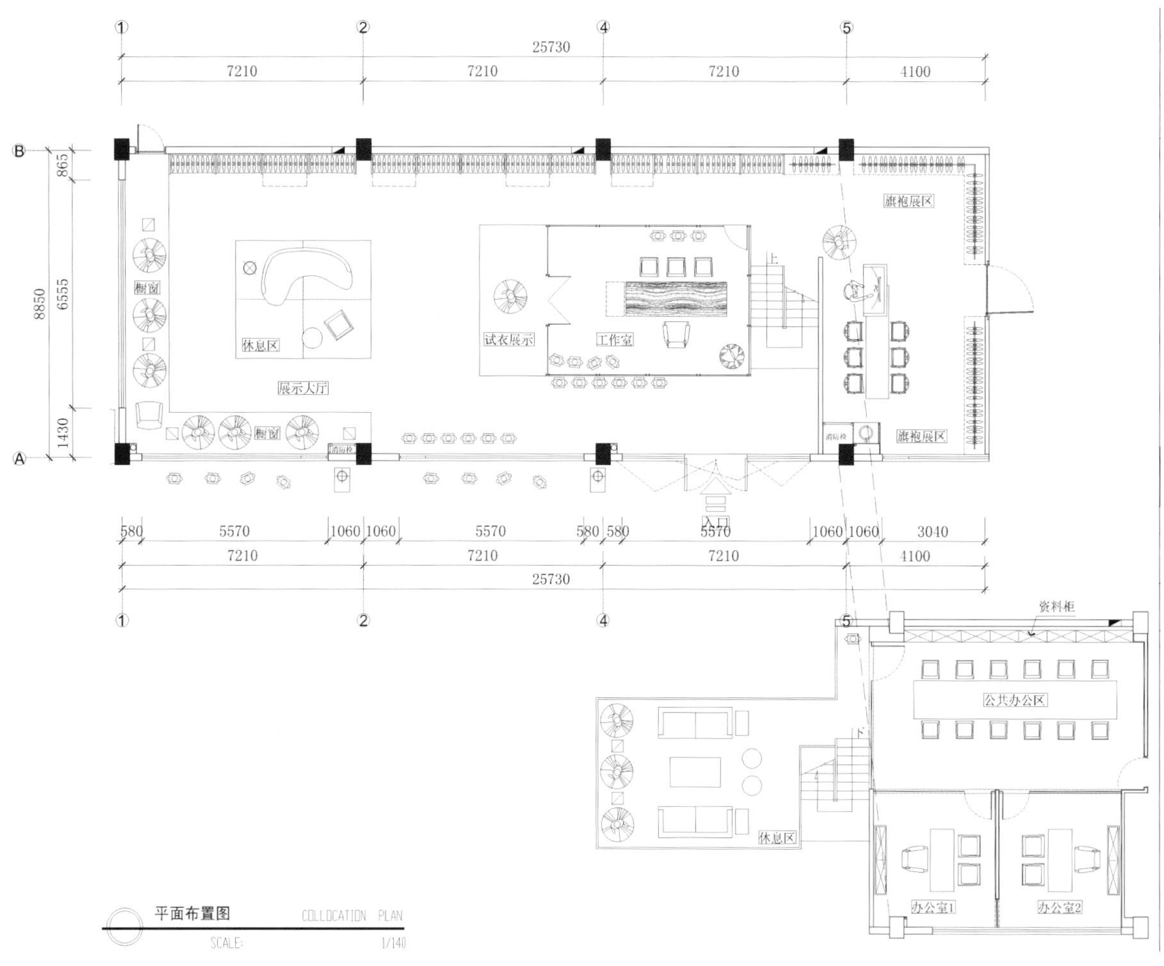
25730
7210
7210
7210
4100
865
6555
1430
8850
礼服展区
橱窗
休息区
试衣展示
工作室
展示大厅
橱窗
入口
580
5570
1060
1060
5570
580
580
5570
1060
1060
3040
资料柜
公共办公区
休息区
办公室1
办公室2
平面布置图
COLLOCATION PLAN
SCALE:
1/140

FORUS
FORUS

孤楼·ISSI 设计师时装品牌集合店

THE LONE BUILDING [ISSI] DESIGNER CLOTHING COLLECTION STORE

项目名称 _ 孤楼·ISSI 设计师时装品牌集合店 / 主案设计 _ 胡武豪 / 参与设计 _ 黄淼、胡华冰、陈浩 / 项目地点 _ 上海市虹口区 / 项目面积 _1800 平方米 / 投资金额 _300 万元 / 主要材料 _ 钢材、木材等

A 项目定位 Design Proposition

ISSI 的品牌定位是打造中国最大的设计师时装集合地，上海作为中国的时尚潮流窗口，ISSI 选址在这安静的北外滩，更多了一份高傲。上海是中国的魔都，ISSI 的空间同样更有魔力！

B 环境风格 Creativity & Aesthetics

入口的石材大门套与复古做旧的木质屏风，体现了老上海悠久的历史文化，更不失 ISSI 外滩 style 的腔调；进入大门，眼前霸气的弧形旋转楼梯使整体空间一楼、二楼、三楼、是那么的整体，没有过多的装饰，但是白色喷漆的钢结构基础和玻璃木质的栏杆扶手是那么的精致时尚；一楼的男装区色彩纯粹，白色、铁本色、实木人字地板，复古吊灯，这些组合仿佛是一个集所有有点于一身的完美男人。上楼梯到二楼，正面灰色混泥土形象墙上铁本色的层板上白色 LOGO 是如此醒目，进入大厅左边区域是产品陈列区，右边是时装秀场区，露台是时尚 BAR。产品陈列区设计师围绕中间试衣区，设计了以玻璃为隔断的循环动线，若影若现，空间层次清晰，产品琳琅满目；秀场区泥墙拱门的隔断和对面白色超高钢架外立面隔空对话，仿佛在探讨时尚的话题；时尚 BAR 的区域，设计师利用露台护墙做了全上海最长的吧台，一个个定制台灯坐落在台面，绝对是北外滩一道靓丽的风景线。

C 空间布局 Space Planning

整体空间有三部分内容：一楼设计师时装品牌、二楼时装秀场、时尚 BAR；空间动线以回型循环动线结构，从入口开始，每一位宾客可以自然地欣赏完空间中的任何商品。

D 设计选材 Materials & Cost Effectiveness

设计师综合分析了品牌文化特性和地域文化背景，在空间中以灰色的建筑混泥土原结构为基础，利用铁本色的材质货架陈列，泥墙和白色挑高钢结构建筑体的完美对撞，玻璃隔断与木本色家具的冷暖呼应，使整体空间浑然一体，简洁而不失细节！

E 使用效果 Fidelity to Client

ISSI 现在已经在圈内成为知名潮流圣地，特别是秀场空间，各大知名品牌已经陆续在此开完产品发布会，效果赞不绝口。

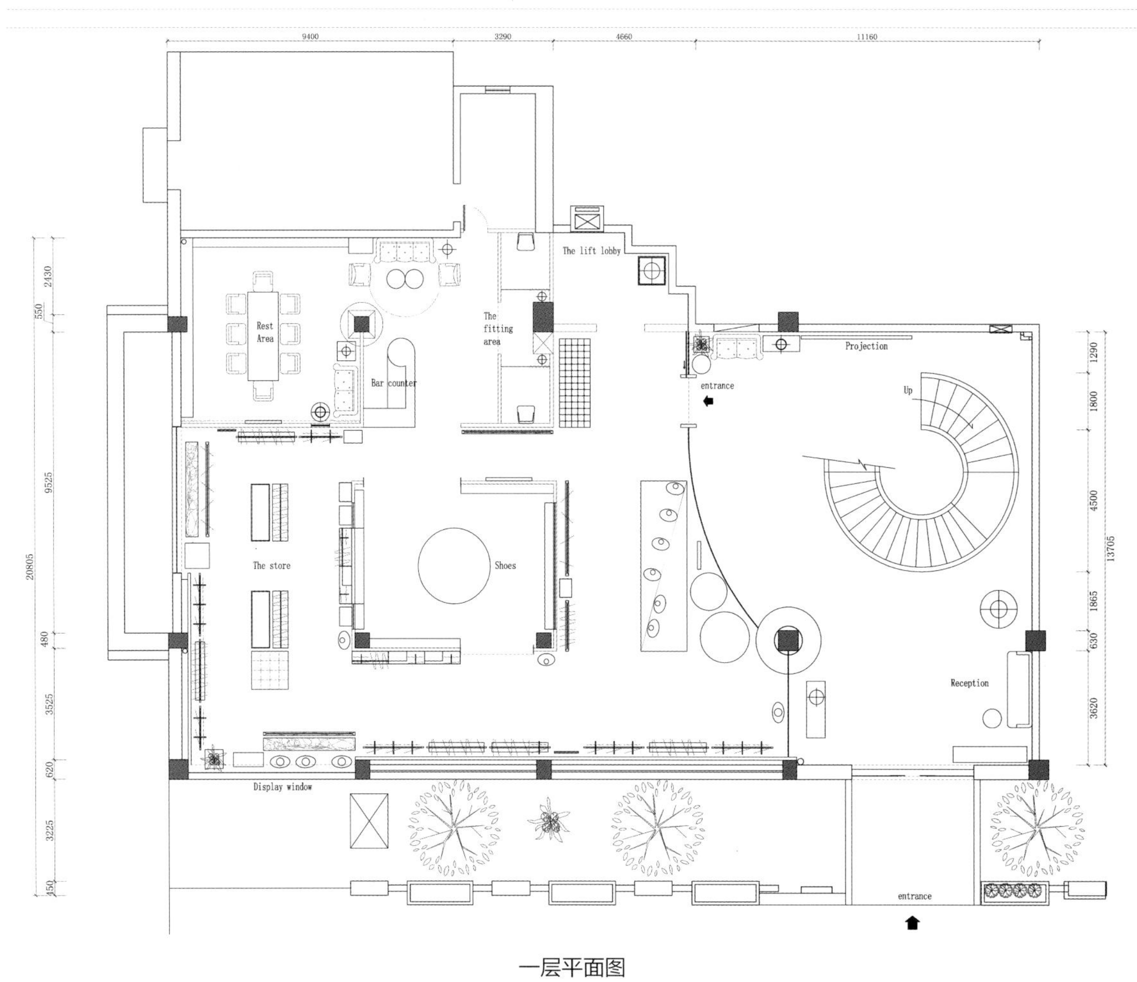

9400
3290
4660
11160
The lift lobby
Rest Area
Bar counter
The fitting area
Projection
entrance
Up
The store
Shoes
Reception
Display window
entrance
2430
550
9525
20805
480
3525
620
3225
350
1290
1800
4500
13705
1865
630
3620

一层平面图

ISSI